運を逃さない力—苦境を乗り越えた名リーダー44人の言葉

大是文化

抓住運氣的能力

運氣來臨總有前兆，怎麼判斷？
蘋果、微軟、迪士尼、星巴克、谷歌、IKEA……
世界級創辦人的轉運學。

日本資深財經記者、豐田生產方式
創始人大野耐一的嫡傳弟子
桑原晃彌◎著　李友君◎譯

目錄

第2章 離成功的最後一哩路，最難熬

第3章 抓住運氣的能力，幾歲都來得及 171

推薦序一

想是問題，做是答案

《只讀二〇%高分應考術》作者、學長姐教育系統創辦人／**莊鈞涵**

「運氣來了，怎麼抓住？」如果某天，有人問我這個問題，我會說：「需要伸手去抓。」這是一句聽起來很簡單的話，但對很多人來說並不容易。

當我們處在低谷，除了面對情緒的折磨，更多的是在無數夜裡內心自我懷疑的小聲音。

我是一位講師，以前靠銷售講座來創造收入，前幾年因為疫情，我們沒辦法開設任何一堂實體講座，不得不轉為線上，當時全臺培訓業都慌了，因為很少人做過線上課程。

在我們剛開始轉型時，也面臨每一場最後都是零成交，當時的我每分每秒都想過要放棄。但後來我不斷的告訴自己：「我相信一定有方法，**這樣的危機就是轉機，只要堅持下去，至少我贏在堅持。**」

經歷了無數次改良投影片與線上銷售方式，我們慢慢開始有了起色，到後面甚至締造線上銷售的奇蹟：將近七成的成交率。回首這段過去，我發現，即便在腦中想一千遍「這個問題該怎麼解決」，這都是空話，我能做的，就是去做、去試，因為生活要過下去，**人生也不可能一直在低谷**。

就像本書作者所說：「運氣乍看之下很像危機，然而能幹的領導者不會就此逃避或放棄，而是將危機轉變成機會。」現在，我們的課程已全面轉成線上，甚至跳脫需要直播線上銷講的模式，開拓一個全新的教育培訓方式。

如果你現在剛好處在艱困狀態，那我推薦你一定要翻開《抓住運氣的能力》。本書沒有制式的理論，有的是一個個深入人心的故事，而這些故事的主角都是你我耳熟能詳的成功企業家。你會覺得，這些成功者好像就在自己身旁，用他的人生經歷跟你說話。例如我們跟股神華倫・巴菲特（Warren Buffett）吃一頓飯，可能要花上百萬至千萬美元，但書中結合這些成功企業家的經驗，用最簡單的一句話告訴你，遇到瓶頸時，就是一個念頭挺過去而已。**我們以為的成功很遙遠，但其實就只是一個想法的微小改變**。

就像豐田（Toyota）汽車第十一代總裁豐田章男說的：「每天都要大聲笑一次喔！」就是這樣一句簡單的話，相信你會跟我一樣，看得津津有味、會心一笑，把自己放入這些企業家的情境，回頭看看，其實我們的機會還很光明。

誠心推薦本書給工作遇到瓶頸與希望靠近成功理想的你，期待你跟我一起透過作者的世界，重新得到一份力量，就像我當時想都是問題，開始做就有答案，這本書就是你開始做的第一步，我們抓運氣的路上見。

推薦序二

相信自己能堅持到最後

軟體產品經理&職場內容創作者／**小人物職場**

成功和失敗，由誰定義？

還記得我剛進入高中時，老師曾跟每個人說：「成功的人找方法，失敗的人找藉口。」即使已過去二十多年，這句話還是牢記在我的心中。

只是在二十幾歲時，我一直認為成功與否，往往是根據社會的標準來判斷，但到了四十歲，我才明白，成功或失敗是由自己定義，只要比賽還沒結束，就不會有真正的失敗，而我們要做的，就是想辦法延續比賽而已。《抓住運氣的能力》中強調的運氣，其實就是讓比賽延續的關鍵，說得更清楚一點，就是一種把危機轉變成機運，並相信自己能堅持到最後的價值觀。

在我目前經營的個人自媒體品牌「小人物職場」，最常被問到的問題是：「我已經三十歲了，還能轉職成功嗎？」由此可以看出提問者其實想轉職，卻因害怕失敗，所以遲遲沒有行動。但仔細想想，失敗真的可怕嗎？一旦失敗，就永無翻身之日嗎？

在本書中，我們看到許多企業家都是在經歷失敗，克服困難後，才獲得成功，也因為有這樣的過程，才能發現自己真心想做的事，於是決定轉職。世上很多人害怕行動，其實他們只是不相信自己可以辦到。

事實上，人無論幾歲都可以重新出發，誰能想到肯德基的創辦人哈蘭德・桑德斯（Colonel Harland Sanders）在六十六歲破產，依靠社會保險金生活，但最後卻建立一個速食王國。

本書內容由一篇篇的企業家故事串聯而成，透過不同的案例支持作者的核心理念，內容既不枯燥，更會讓人停不下來想看完。

不過，如同本書最後一篇引用軟體銀行（SoftBank）創辦人孫正義說過的話：

「不挑戰就不會開始，不冒風險就不會有回報。」就算看再多吸引人的故事，如果你不打算展開行動，那就毫無意義。

若你已決定好好面對快速變化的時代，就做好挑戰的準備，學習書中每個偉大企業家的精神，抓住運氣，好好培養出堅信自己的能力。

前言

運氣來臨，總有前兆

我目前在SB Creative（以數位內容產業和出版業作為主要業務的企業）架設的情報網站「Business＋IT」上，連載「企業立志傳」。該網站也會介紹百年企業和幾家本書也有登場的企業家的創業故事。

我總在想，**延續百年的企業和過沒幾年就消失的企業，領導者差在哪裡？**

大多數人認為是動機。因為失敗的領導者將「賺錢」視為第一，成功的領導者則是懷抱「改變世界」的遠大志向。

但我不這麼想。

舉例來說，蘋果公司（Apple）的創辦人史帝夫・賈伯斯（Steve Jobs）就是改變世界的代表人物，但他十幾歲時的夢想「變成有錢人」卻是創業的原動力；Panasonic 創辦人松下幸之助在一無所有中創業，他當時的想法是「希望自己可以不必擔心明天沒飯吃」。

那麼，決定性的差異是什麼？

用一句話來說，就是領導者不會忽視運氣，運氣來時會牢牢抓住、不錯過。**運氣乍看之下很像危機**，讓人陷入不知該怎麼行動的困境。然而，**能幹的領導者**不會就此逃避或放棄，而是**將危機轉變成機會**，堅信自己能堅持到最後。

舉個例子，薩莉亞（Saizeriya）創辦人正垣泰彥苦心經營，好不容易步上軌道的門市卻發生火災；肯德基（Kentucky Fried Chicken，縮寫為ＫＦＣ）創辦人桑德斯上校六十歲後失去所有財產；日本 7-ELEVEN 執行長鈴木敏文散盡千金買下美國南方公司（The Southland Corporation）的經營手冊，卻派不上用場……。

一般人碰到這類困難，往往感到絕望、想逃離一切，但上述提到的領導者卻沒有放棄，而是勇敢面對，跨越逆境，將厄運逐漸轉變為好運。

克服困難的過程中，人們會察覺到自己真心想做的事是什麼，懷著「為了做這份工作而活」的使命感行動。換句話說，**抓住運氣就是培養堅信自己的能力。**
為了超越困難，得不斷的改善做法或方針，掌握關鍵，再堅持到底。
這正是他們不錯過機會的最大祕訣。
或許各位會覺得「大企業的經營者和我不同」，不過書中登場的許多經營者並非從一開始就是超級巨星，而是「什麼都沒有的年輕人」。但他們不畏失敗，進而獲得成功。
人無論歷經什麼失敗都能不斷站起來，繼續挑戰。假如各位能透過本書獲得勇氣和鼓勵，則是本人之幸。
我執筆過程中，得到 Subaru 舍的大原和也、ＯＣＨＩ企畫的越智秀樹和美保夫婦竭力相助，衷心感謝各位的幫忙。

第1章

秉持這些信念，他們抓住了好運

1 每天都要大笑一次！

——豐田汽車總裁／豐田章男

一般人對企業接班人的印象，往往是備受呵護的「少爺總裁」，經不起考驗。

然而，豐田汽車的第十一代總裁、創辦人豐田喜一郎的孫子豐田章男（第三代接班人），就任總裁時，別說呵護了，根本就是處在嚴酷的環境中——受到二〇〇八年九月的雷曼兄弟事件影響，豐田的資產從兩兆兩千七百零三億日圓（約新臺幣四千八百六十億元），跌到四千六百一十億日圓（約新臺幣九百八十七億元）的赤字。

營業赤字是五十九年來首見，淨損更是七十 年來首見。

在這樣嚴峻的情況下，豐田汽車於二〇〇九年在美國爆出車輛爆衝事件，而大規模回收不良產品（按：豐田由於某些車型的地毯會卡住油門，而引發安全問題，在全球召回至少數百萬輛汽車），對於同年六月剛就任總裁的章男來說，等於一開始就要想辦法擺脫谷底，而且只要走錯一步，就有可能破產。

對於章男而言，最大的試煉之一，是二〇一〇年二月二十四日，為了先前爆發的安全問題，在美國眾議院聽證會上作證。

碰到危機易消沉，所以更該放聲大笑

章男為了出席聽證會而提前抵達美國，跟幾名關係人窩在別墅開始準備工作。章男看著大家緊張而凝重的表情，便表現出開朗的樣子說道：「每天要大聲笑一次喔。」因為遇到危機時，不論是誰都容易變得消沉，正因如此，高層更該在這種時候樂觀。

章男的信條是「沒有笑容，就做不好工作」，所以他盡力表現得開朗，努力舒緩大家緊繃的情緒。他同時展現出破釜沉舟的態度，自覺「要背負豐田的所有責任」，即使在逆境中也要盡善盡美。

順利挺過聽證會的章男，接下來要出席位在華盛頓的會議，向當地供應商和員工說明之後的計畫。大家對章男熱烈的鼓掌，讓他忍不住溼了眼眶：「原來我不是孤軍一人。」

章男此時深刻感受到，並不是只有自己奮力守護公司，事實上，也多虧了員工的支持，公司才能繼續經營下去，一想到這，章男流下喜悅的眼淚。

章男將召開聽證會的那天，定為「豐田重新出發日」，後來在東日本大震災或新冠疫情等危機中也不斷身先士卒，讓豐田漂亮的做到V型復甦。

為了回應不良產品問題，章男到美國出席聽證會。

【2009 年】

他對著表情僵硬的同仁說：

每天要
大聲笑一次喔。

章男順利挺過聽證會，眼淚忍不住流下來。

我並非獨自一人，
我還有員工
的支持。

2009 年成功從谷底 V 型復甦

做到
V 型復甦了！

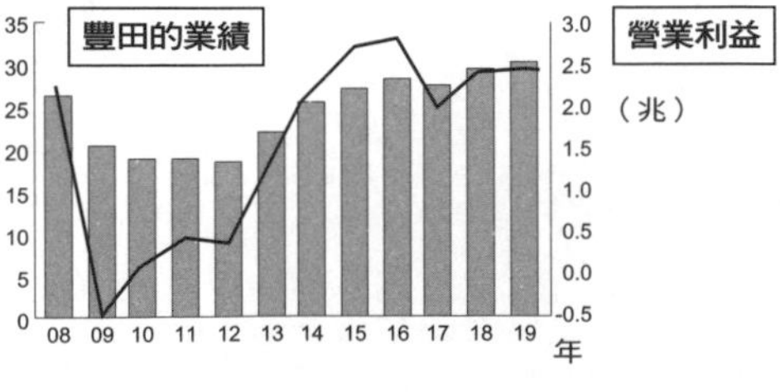
銷售額
（兆）
豐田的業績
營業利益
（兆）
35
30
25
20
15
10
5
0
3.0
2.5
2.0
1.5
1.0
0.5
0.0
-0.5
08 09 10 11 12 13 14 15 16 17 18 19
年

豐田章男

一九五六年生於愛知縣名古屋市。曾祖父為豐田的始祖豐田佐吉，祖父為豐田汽車創辦人豐田喜一郎，父親豐田章一郎是豐田汽車前總裁，是貨真價實的名門世家。

章男曾在美國的投資公司上班，一九八四年進入豐田汽車，二〇〇九年六月就任該公司總裁。

2

時間用在重要事情上

——蘋果創辦人／史帝夫·賈伯斯

史帝夫·賈伯斯以個人電腦和手機掀起革命，讓聆聽和購買音樂的方式產生劇變，更在動畫電影的世界中引發變革，是世界首屈一指的創新者。

然而，在這顯赫的成功背後，賈伯斯經歷好幾次挫折：

- 因自己是養子而煩惱，大學只念一個學期就輟學，尋找自我。
- 雖然跟史帝夫·沃茲尼克（Steve Wozniak）創辦蘋果，資金卻不足。
- 被自己延攬的執行長約翰·史考利（John Sculley）趕出蘋果。

- 創辦 NeXT 和皮克斯（Pixar），卻赤字將近十年，只能不斷投注資金。
- 重回只能轉賣或破產的蘋果，為了重建相當辛苦。
- 因為胰臟癌而接受治療。

賈伯斯克服了普通人會想放棄的挫折和苦難，還提出種種創新，人們才會這麼相信賈伯斯，喜歡他開創的產品及服務。話說回來，為什麼賈伯斯能克服這麼大的苦難？

答案是「想在宇宙間留下痕跡」，別無他想。

賈伯斯認為自己擅長將擁有才華的人才聚在一起，並製造新產品。假如有人奪走這個位置，那他只要再建立一個自己的棲身之處就好。

拋開周圍的擔憂，重回即將破產的蘋果

賈伯斯曾被趕出蘋果，又因創辦皮克斯大獲成功再次回到蘋果。

賈伯斯經歷種種苦難

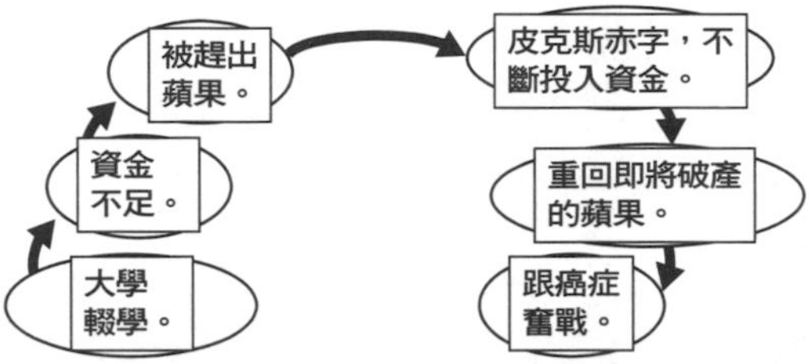
大學
輟學。
資金
不足。
被趕出
蘋果。
皮克斯赤字，不
斷投入資金。
重回即將破產
的蘋果。
跟癌症
奮戰。

被約翰．史考利趕出蘋果

【1985 年】

竟然被自己招
攬的人趕走。
有你在，經營
就會一團亂。
給我從蘋果
滾出去！
約翰．史考利

重回即將破產的蘋果

【1996 年】

好，我知道了！
我快破產了。
賈伯斯先生，
回來吧。

將真正想做的事情盡力做到最好

會不會失敗都
無所謂。
我想打造驚豔的
產品和公司！

不過，當時的蘋果瀕臨破產，若賈伯斯在這時就任，名聲可能會因此受到影響。但賈伯斯表示：「那種事根本無所謂。因為這就是我想做的事情，所以，就算失敗也沒關係，至少我盡力了。」對他來說，真正想做的是打造驚豔的產品和公司，而這份熱情正是他克服苦難的原動力。

賈伯斯認為，人的**時間有限，真正能拚命做重要事的機會只有兩、三次**。所以人更該抓緊時間做自己心中的要緊事。

史帝夫・賈伯斯

一九五五年生於美國舊金山。曾在遊戲開發商雅達利（Atari）工作，一九七六年創辦蘋果。一九七七年發售「第二代蘋果電腦」（Apple II），一九八四年發售「麥金塔」（Macintosh）。一九八五年被趕出蘋果，創辦

NeXT和皮克斯。一九九六年重回蘋果，二〇〇〇年擔任執行者。於二〇一一年過世，享年五十六歲。

3

危機會在一帆風順中悄悄靠近

──優乃克創辦人／米山稔

以運動用品製造商馳名的優乃克（YONEX），現在已是以羽球為首的世界級球拍製造商。其實在獲得這般成績前，優乃克接連遇上危機，不過創辦人米山稔在跌倒後重新爬起，每次都讓公司大幅成長，他因此被人稱為「越後的雪人」（按：越後是日本古代的令制國之一，其領域範圍相當於現在的新潟縣，而米山稔出生於新潟縣；雪人的日文是雪だるま，而だるま又指不倒翁。也就是說，該稱號稱讚米山不會被困境打倒）。

米山出生於製造木屐的家族。太平洋戰爭時期（西元一九四一年至一九四五年），他在陸軍工廠學到木工技術後，在沖繩經歷過激烈的戰鬥，歸鄉後開始製造釀造用的木栓和漁網浮標。

米山的事業大獲成功，展露出青年實業家的派頭，還當選地方議員成為當地名流。不過，他在一九五三年遇到大危機。當時流行的漁網材質從棉花變成尼龍製，浮標也從桐木製變成塑膠，換句話說，米山的浮標完全賣不出去。

不過，高坐在成功寶座上的米山沒有察覺到這樣的變化，持續製造與以往相同數量的桐木製浮標，結果留下堆積如山的庫存，影響公司盈收。

危機總在順境時悄悄靠近

為了避免再次發生這種狀況，米山決定辭去議員，外出雲遊全國。靠自己的雙眼觀察世上正流行什麼。

在一九五七年，也就是發生危機的四年後，米山遇到某個羽球拍製造業。當時開始流行打羽毛球，米山知道製造球拍能活用自己擅長的木工技術，於是決定向羽球製造商推銷產品，開始以代工（依靠對方的品牌來製造）的方式製造球拍。

從此以後米山常常關注社會動態，持續的蒐集資訊，最重要的是在行動時牢記「絕對不能自大」。

然而，米山的苦難仍未結束。

因唯一的業務夥伴破產，導致米山要承擔高額的應收帳款，這讓他萌生輕生的念頭。不過，他鼓舞自己「只能再拚一次，重新來過」，同時下定決心「自己製造自己賣」，開闢後來的道路。

苦難沒有因此停止。

米山還體驗到工廠付之一炬、臺灣製造商和其他低價產品引進等痛苦，但他每次都記得年輕時「危機會在一帆風順中悄悄靠近」的教訓，然後超越逆境。

無論什麼時候都必須靠自己的手開闢道路，米山的這份決心引導優乃克邁向世界級企業。

在戰爭中存活，事業大獲成功

【戰後】
戰爭雖然艱辛，
事業卻大獲成功！
事業成功
當選地方議員

因成功而變得自大，事業沒跟上變化

等察覺到時代變化
時已經晚了。
議員也辭了。
大量庫存

憑自己的雙眼確認世上正流行什麼

我要查出現在
暢銷什麼。
對了！
製造羽球拍就能活用
擅長的木工技術了！

下定決心開闢道路，面對困難，打造世界級企業

重新來過！
業務夥伴破產
工廠火災
海外低價產品流入市面

米山稔

一九二四年生於新潟縣長岡市。歷經太平洋戰爭後歸鄉，於一九四六年繼承木工家業，創辦米山製作所。一九五六年開始製造羽球拍。爾後進軍網球、高爾夫及滑雪板用品。二〇一九年離世，享耆壽九十五歲。

4

抓住運氣的能力，幾歲都來得及

——肯德基創辦人／桑德斯上校

在現代，很多人即使過了六十歲仍在工作，但在一九五〇年代，於六十歲後開啟新的人生，絕非易事。

相信肯德基創辦人桑德斯上校也會贊同這點。假如他在國道旁經營的餐廳「桑德斯咖啡館」附近沒蓋高速公路，他就不會在六十歲後創辦肯德基。

一九三〇年開幕的桑德斯咖啡館，曾是國道旁擁有一百四十二席的熱門餐廳，卻因高速公路完工，顧客人流轉向，銷售額驟減，最後只能以七萬五千美元（相當於新臺幣兩百三十七萬元）賣掉店面。此外，他在支付稅金等費用後，身上的錢所剩無幾。

在六十五歲失去一切的桑德斯，雖然也曾考慮領年金度過餘生，不過每個月能領到的年金只有一百零五美元（相當於新臺幣三千三百元）。

桑德斯感覺到自己的時代結束，新時代正在啟程。為了在新時代中生存，他開始摸索自己還能做哪些事。

只要能做，沒必要因年齡放棄

桑德斯改行超過十次，遇上數次挫折，有時甚至失去財產。他下定決心「要找出自己能做的事，終身工作」。於是他正式展開行動，將之前經營餐廳時熱銷的「炸雞」食譜（從七個島採集的十一種香草和辛香料，用壓力鍋烹調），交由其他餐廳製作販賣。桑德斯用這套模式跟特許經營商皮特・哈曼（Pete Harman）簽約，進而走進各地的餐廳，到處介紹炸雞的美妙之處。

雖然過著累了睡車上，三餐只吃試作品炸雞的生活，但在桑德斯走訪超過一千家餐廳後，成功在美國和加拿大建立兩百家店的加盟網。

絕對信賴自己想出的炸雞，秉持「終身持續從事自己能做的事」信念，正是桑德斯上校把肯德基拓展到世界上的原動力。

只要是自己能做的事情，就沒必要因為年齡而放棄。

桑德斯上校

一八九〇年生於美國印第安納州。六歲時父親過世，桑德斯為了幫忙家計而開始工作，國中念到一半就退學。他不斷改行，後來靠經營餐廳獲得成功。六十五歲時，桑德斯為了替炸雞烹調法建立加盟體系，而開始巡迴全美。於一九八〇年過世，享耆壽九十歲。

過了 60 歲再出發

高速公路完工，
客人就不來了。
桑德斯
咖啡館
INN

決定要終身工作

雖然賣掉店面，
錢卻沒有剩，
好想找出自己能做
的事，持續工作！

販賣炸雞食譜

【1956 年】

對了，我可
以賣炸雞食
譜來賺錢！
走訪餐廳兜售炸雞
作法吧。
〈65 歲〉
壓力鍋炸法
11 種香草和
辛香料

賣掉店面 4 年後，建立 200 家店的加盟網

【1960 年】

過了 60 歲也還有
能做的事！
KFC
KFC

5

最後的最後要自己決定

——阪急阪神東寶集團創辦人／小林一三

小林一三的老家是富農豪商，所以他在生活上沒碰上什麼困難，就連他畢業後到三井銀行工作，老家也會寄生活費。可以說，小林一直以來都不需要為錢煩惱。

他在三井銀行的幾間分行工作後，原定要榮升為箱崎倉庫——從隸屬於東京深川分行的倉庫分離出去的新設單位——主任。但不知為何，這份人事任免令在一夜之間遭到撤回，小林降格為副手，一年半後，還被貶到總公司的調查課。

他評價當時的情況：「前後約七年，我沒辦法展現能力。」便決心離開公司。

原本他受熟人之邀參與創辦證券公司，這件事卻因經濟不景氣而停擺。當時他害怕的想：「陷入絕望就是這種情況嗎？」

敢承擔責任，就能創新

這時有人向小林提議，到看起來即將破產的鐵路公司擔任總經理。該公司設計的一條路線，連接大阪的梅田和池田，再延伸到有馬，不過當時那一帶人煙稀少，沒有獲利的希望。即使如此，小林還是考察了兩、三次路線，思考是否有什麼辦法能吸引到更多乘客。後來他想到一個方法，「沿線開發住宅區，再分批出售」。

只是這個做法的問題在於資金，而且公司裡也沒人贊同和支持他。有個人聽了小林的想法後，說：「你需要下定決心，把這件事當成畢生事業，負起責任做給別人看。」

這可以說是孤立無援的戰鬥，不過小林最後做好了心理準備，包含金錢在內的所有責任，都由自己承擔，他因此獲得自主權，許多決定無須董事或者是股東的同意，也不必協商。他開始著手建設鐵路，同時販賣分售地，事業就在小林的獨斷下不斷發展。

為了增加乘客，小林在沿線周圍蓋了百貨公司和寶塚歌劇院，奠定日本第一個電鐵經營模式，小林大獲成功。

有句話是「創新不會憑空產生」，該公司能開創日本第一個商業模式，原因就在於小林願意承擔責任，做了所有的決策。

升遷被撤銷，還被降職

升遷了！
三井銀行
加油吧！
隔天
升遷被撤銷？
降為副手？

向公司辭職，到快破產的鐵路公司工作

遭到貶職。
肯定會破產的
鐵路公司？
說不定很有趣！

承擔所有責任的強烈決心

鐵路和住宅開發
要成套進行。
還要蓋娛樂設施。
我會負起全責！
條件是照我想的
去做！
只要分批出
售，說不定
能賣得掉。

開創日本第一個商業模式

電氣化鐵路經營
模式大獲成功！
阪急
東寶

小林一三

一八七三年生於山梨縣韮崎市。大學畢業後進入三井銀行。一九〇七年離開該銀行，參與設立箕面有馬電氣軌道（按：日本私營鐵路公司阪急電鐵的前身），擔任總經理。一九一〇年開始經營梅田─寶塚線。一九二九年開設日本第一家站內百貨公司「阪急百貨」。一九三七年創辦東寶電影。一九五七年離世，享壽八十四歲。

6

高層願意擔，員工就敢闖

——索尼創辦人／盛田昭夫

二戰後，兩位日本著名企業家井深大和盛田昭夫，共同創辦索尼（Sony），該公司的特徵是「做別人不做的事」和「工作以世界為對象」。

索尼之所以能夠進軍世界、成為世界級品牌，是因索尼推出的隨身聽品牌「Walkman」在世界各地熱賣。

一九七〇年代後半，立體聲錄音機廣泛普及到家庭中，但能攜帶外出的產品，多半是單聲道款式。而喜歡在出差地聽立體聲音樂的井深，拜託部屬改造索尼的錄音機「Pressman」，讓他能以大耳機欣賞立體音樂（按：在當時，人們普遍使用包覆耳朵的大型耳機）。

盛田看到井深的改造版 Pressman 後產生靈感，便決定要讓索尼開發新產品，也就是 Walkman。

人不怕風險，但怕被追究責任

一九七九年二月，盛田召集負責人到會議室，下令要推出 Walkman，這是需要接上耳機才能聽到聲音的播放器。除此之外，還要徹底縮小耳機跟播放器的體積，讓年輕人將音樂帶出戶外。他還要求在暑假前發售，價格設在四萬日圓（約新臺幣八千七百元）以下。

當時離發售僅短短四個月，所以反對意見可說是排山倒海而來：「這個價格會低於成本。」、「怎麼可能有人買沒錄音功能的東西。」、「沒耳機就沒辦法聽，別人會以為你在用助聽器。」、「要是一個月沒賣三萬臺，就回不了本。」

即使盛田逐一反駁這類的意見，這些負責人仍沒點頭答應。於是盛田斷然表示：「要是沒賣掉三萬臺，我就辭職以示負責。總之，這是董事長的命令，少說廢話，快點做！」

面對盛田這番魄力十足的言辭，最後所有人只好同意製作這個產品。

Walkman 就這樣誕生了，雖然當初有很多冷言冷語，不過，Walkman 開始在年輕人之間口耳相傳。

一九七九年八月，光是丸井百貨就來了一個月一萬臺的訂單。

從發售到一九九三年，Walkman 在這十三年全球狂銷一億臺，其暢銷程度可說是有如社會現象的超級狂潮。此外，從史帝夫．賈伯斯發售 ipod 時，號稱該產品是「二十一世紀的 Walkman」，也可以清楚得知 Walkman 是多麼劃時代。

新挑戰時時伴隨著風險。**人不是怕風險而不挑戰，而是怕被追究責任，才避開挑戰**。

在員工背後推一把的，就是高層展現出「有事我負責」的決心。

夢想是進軍世界

【1946 年】

東京通訊工業（現為索尼）誕生

做別人不做的事，工作以世界為對象。
井深大
盛田昭夫

開發須使用耳機的播放器，在多數反對中起步

【1979 年 2 月】

4 個月內發售！
價格要在 4 萬日圓以下。
沒時間啦。
要是一個月沒賣 3 萬臺……。

高層的決心，能推動員工

出事我負責！
要是沒賣掉 3 萬臺，我就辭職！
我知道了。
來做吧。

藉由 Walkman，索尼成為世界級品牌

世界第一臺
行動音樂播放器
Walkman 誕生！
SONY
WALKMAN
13 年全球狂銷
1 億臺！

盛田昭夫

一九二一年生於愛知縣名古屋。一九四六年與井深大共同設立東京通訊工業股份公司（索尼前身）。一九五〇年發售日本第一臺錄音機。一九七一年擔任索尼總裁，一九七六年擔任董事長。一九七九年發售 Walkman。一九九九年過世，享壽七十八歲。

7

就算業績變差，也不能失去顧客的信賴

——Japanet Takata 創辦人／高田明

對許多日本人來說，提到電視購物，會聯想到 Japanet Takata 創辦人高田明，以及其獨特的說話方式。

高田原本在父兄經營的 Takata 相機店幫忙，替來到生身故鄉長崎縣平戶市的團體旅行顧客拍攝和販賣照片。

高田在一九八六年（三十七歲）獨立，開設 Takata 股份公司。之後還成為索尼的特約店，每個月賣出一百臺 Handycam 手持攝影機，成為九州地區銷售排名第一的特約店。從那時起，高田明就有幾分銷售高手的架勢。

Takata 股份公司能獲得這樣亮眼的成績，是因為廣播購物。

雖然該公司當時一直有利用當地廣播播放廣告，直到某次高田親自講五分鐘關於照相機的事後，當天馬上賣掉五十臺照相機，金額共一百萬日圓（約新臺幣二十一．四萬元）。

實際感受到廣播威力的高田便想：「要我天天做也行，我想利用日本所有廣播電臺來賣商品。」

當然，長崎的小公司要在日本全國廣播並非易事，而且當時的廣播銷售常識，是「超過一萬日圓的東西就賣不掉」。

高田孜孜不倦的累積實務成果、提升實力，最終完成全日本銷售網，就連超過二十萬日圓（約新臺幣四萬三千四百元）的文書處理機也賣掉幾千臺。

顧客資料外流，馬上暫停活動

後來，該公司以電視臺購物為武器，成長為年銷售額超過七百億日圓（約新臺幣一百五十二億元）的公司。但在二〇〇四年三月，卻因超過五十萬筆顧客資料外流事件，而置身在逆境當中。

高田得知事件之後迅速應對。馬上召開記者會，宣布停止在廣播和電視上的活動。這意味著，他要直接吃下約一百五十億日圓的機會成本，只因他認為「就算銷售量下滑、業績變差，絕不能失去顧客的信賴」。

結果，銷售量雖然大幅下降，不過高田應對迅速且果斷，反而獲得大眾好評，同時影響了隔年業績，其年度銷售額突破九百億日圓（約新臺幣一百九十二億元），達到V型復甦。

高田說：「我用了三〇〇%的力量，努力完成當天能做的事。」

即使高田在那時候遇到逆境，他也沒選擇防守姿態，而是主動出擊，以「現在能做的最大努力」保住客戶對公司的信賴，帶來進一步的成長。

從家族企業獨立，自己開公司

【1986 年】
38 歲獨立開業

來做廣播購物吧。
好，加油吧！
成為索尼的特約店
每個月賣出 100 臺 Handycam

顛覆「廣播郵購很難賣掉超過 1 萬日圓的東西」的常識

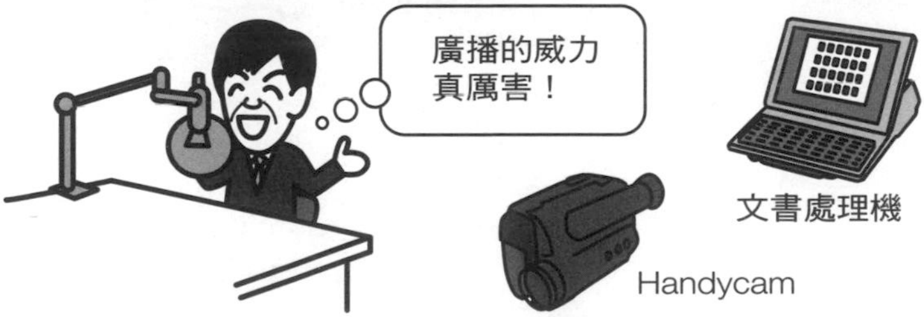
廣播的威力真厲害！
文書處理機
Handycam

進軍電視購物，顧客資訊卻外流

這裡是 Japanet Takata ！
今天要介紹的是這個！
2004 年顧客資訊外流！

立刻開記者會道歉。迅速而果斷的應對獲得好評

【2004 年】

對不起。我們會停止活動。
絕不能失去顧客的信賴！
2005 年度銷售業績突破 900 億日圓！

高田明

一九四八年生於長崎縣平戶市。曾在父親經營的 Takata 相機店工作，在一九八六年設立「Takata 股份公司，於一九九九年將公司改名為「Japanet Takata」。到了二〇一五年，將該公司傳給長男旭人，現為 A and Live 代表董事。

8

當別人預言你的產業完蛋時

——任天堂前總裁／岩田聰

開發、製造與發行電子遊戲的企業任天堂，創立於一八八九年。一九四九年，年僅二十二歲的山內溥成為第三代總裁，他於一九八三年發售紅白機，在家用遊戲機業界掀起革命。

爾後，任天堂於一九八五年發售的《超級瑪利歐兄弟》風靡世界，成為遊戲業界的先驅，稱霸一線大廠。不過，索尼在一九九四年發售「PlayStation」（簡稱PS）後，狀況就為之一變（按：索尼在開發PS時，把3D當作遊戲機的主要焦點，且選擇光碟作為遊戲儲存格式。而遊戲廠商後來推出的作品，不斷提升內容、畫面和聲音方面等複雜程度，讓卡匣儲存格式難以負荷（當時任天堂的遊戲都是卡匣型式）。可以說PS的成功，影響了卡匣遊戲主機的消亡）。家用電動遊戲機的領域中，許多知名遊戲廠商紛紛找索尼合作。

山內對此表示：「製作只追求畫面或魄力的遊戲，總有一天會讓玩家感到疲乏而不再接觸遊戲，遊戲這門生意要完蛋了。」於是，他選擇在二〇〇二年五月，將總裁寶座讓給時年四十二歲的岩田聰。

繼承總裁的岩田，和山內抱持同樣的危機感。

各家廠商推出的遊戲，畫面變得更加精美且有魄力，像超級瑪利歐這種老少咸宜、能輕鬆遊玩的遊戲則持續減少。岩田分析：「雖然我們努力研發更出色的遊戲，但對於那些無法撥出時間和精力在遊戲上的人而言，最後會乾脆不玩遊戲。」（按：越來越多遊戲重視故事性、技巧或是解謎等，除此之外，有些製作者會在遊戲內放一些彩蛋，而玩家為了通關、找出彩蛋，需要耗費許多時間，不像超級瑪利歐等遊戲，能隨時停止遊玩。）

擴大遊戲人口，帶動公司和業界成長

擔心任天堂和遊戲業界未來的岩田下定決心的宣告：「必須把遠離遊戲的玩家找回來。」

這句話暗示了任天堂要轉換以往開發的態度。

岩田就任期間，任天堂開發出兩款主機任天堂ＤＳ和Wii，還設計出許多不分年齡都能同樂的遊戲，包括腦力訓練、健身及運動等類型。不但成功拉回流失玩家，還吸引了對遊戲沒興趣的人。

岩田於二〇一五年時過世，而他就任總裁期間追求的「擴大遊戲人口」理念，傳承給公司裡其他人，所以任天堂後來推出的《集合啦！動物森友會》和《Pokémon Go》等遊戲，都能在世界各地熱賣。

岩田聰 42 歲就任任天堂的總裁

【2002 年】
拜託！
Nintendo
好的！
山內溥
岩田聰

擔心遊戲業界的未來

老少咸宜的遊戲正在減少！
只注意目標客群的聲音，會讓遊戲業界衰退。
遊戲只追求魄力和畫面，漸漸流失玩家。

轉換以往開發的態度和回歸原點

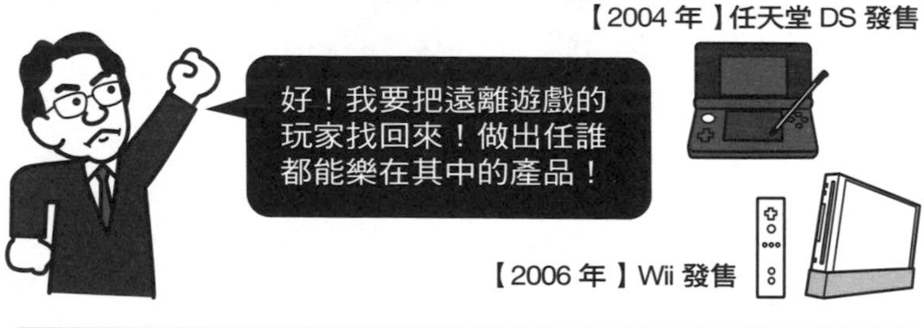
【2004 年】任天堂 DS 發售
好！我要把遠離遊戲的玩家找回來！做出任誰都能樂在其中的產品！
【2006 年】Wii 發售

對遊戲沒興趣的人也被吸引

岩田聰

一九五九年生於札幌市。讀大學時，就在開發遊戲軟體的ＨＡＬ研究所工作，畢業後成為正式員工。一九九三年擔任該公司總裁，二〇〇〇年獲得任天堂總裁山內的延攬而進入任天堂。二〇〇二年成為該公司總裁，卻在二〇一五年因膽管腫瘤離世，享年五十五歲。

9

遇上強敵怎麼贏？

——網飛創辦人／里德．海斯汀（Reed Hastings）

網飛（Netflix）不但改變人們看電影的型式，還改變了電影的拍法，現在世界有一百九十個國家，約有兩億人在使用這項訂閱服務。然而網飛從創辦起的幾年來，不得不與巨大的競爭對手進行生死未卜的戰鬥。

網飛創辦人里德．海斯汀出生在富裕家庭，受到良好教育。

海斯汀在史丹佛大學（Stanford University）取得電腦科學的碩士學位，於一九九一年創辦提供軟體和數碼服務的公司 Pure Software，該公司在一九九五年達成股票上市。海斯汀在一九九七年賣掉股票後，就和同公司相識的馬克．蘭道夫

（Marc Randolph）創辦網飛。

當時流行在錄影帶出租店租借錄影帶，他們卻想出「郵寄光碟出租」這項劃時代的服務。當時錄影帶逐漸被DVD取代，DVD播放器和網路開始慢慢普及到各家庭（順帶一提，亞馬遜〔Amazon〕在這前兩年開始透過網路賣書）。

當初，網飛執行長是蘭道夫，海斯汀則是投資者。然而，在一九九八年，網飛認列一千一百萬美元（約新臺幣三億四千六百萬元）的赤字，財務陷入困難。隔年蘭道夫把執行長一位讓給海斯汀，公司的氣氛漸漸轉變成競爭至上主義。

與比自己強的敵人打消耗戰，最終獲得勝利

只不過，海斯汀要面對的對手太多，太強大。

二〇〇一年，美國網際網路泡沫（Dot-Com Bubble，指一九九五年至二〇〇一年，與資訊科技及網路相關的金融事件。多半被認為是不理性的投資者一股腦的投資網路產業所致）崩潰，而且當時還傳出謠言，大型錄影帶出租連鎖店百視達

（Blockbuster）要開始線上出租DVD，亞馬遜也要進入DVD出租市場。

雖然壞消息接二連三，網飛股價大幅下跌，海斯汀卻宣布：「我們打算全力面對。」讓周圍的人嚇了一跳。

海斯汀冷靜的分析對手，料到百視達扛不住巨額的損失，才會表示「無論花多少年，都要維持損益平衡」。結果，受不了消耗戰的百視達停止攻勢，亞馬遜則迴避在美國境內與網飛決勝負。

在二〇〇五年，網飛的訂戶增加到四百二十萬人（按：截至二〇二二年六月為止，網飛在全球擁有將近二．二億位使用者），時價總值超過百視達，一躍而居業界之首。

網飛在與百視達和亞馬遜的戰鬥中制勝，因而成功提升其評價，加速成長。

展開出租的劃時代服務

【1997 年】

我們來做郵寄光碟出租服務吧！
由你來做執行長。
我知道了。
里德・海斯汀
馬克・蘭道夫

大赤字讓財務陷入困難

【1998 年】

我來做執行長吧！
1,100 萬美元的赤字
虧大了！

為了勝利而分析對手

【2002 年】

採取損益平衡策略吧！
BLOCKBUSTER
開始做線上租片。
amazon
我也加入囉。

與強敵打消耗戰，最後贏得勝利

【2005 年】

時價總值業界第一！
網飛的訂戶人數是 420 萬人！
敗給你了。
amazon
BLOCKBUSTER

里德・海斯汀

一九六〇年在美國波士頓（Boston）出生。進入海軍陸戰隊的士官學校後，以和平部隊的義工身分前往非洲。回國後就讀史丹佛大學，接著創辦ＩＴ企業。

一九九七年創辦網飛。一九九八年擔任執行長。二〇〇七年展開影片播送服務，二〇一二年開始製作原創影視作品。

10

由我們建立標準

——微軟創辦人／比爾・蓋茲（Bill Gates）

比爾・蓋茲進入電腦世界的起因，是想替世界第一臺個人電腦「Altair 8800」製作「BASIC（按：Beginner's All-purpose Symbolic Instruction Code，初學者使用的程式語言）直譯器（按：一種電腦程式，能直接轉譯直譯語言然後執行）」。

蓋茲前往家用電子公司MITS，與發明家保羅・艾倫（Paul Allen）一起在短短八星期內，製作出微電腦用的BASIC直譯器。

當時，幾乎人人都有自己的電腦，蓋茲認為對撰寫程式的自己來說，現在正是賺進金山銀山的機會，於是他在一九七五年設立微軟（Microsoft）。他的目標是

「由我們建立標準」，進而掌控軟體業界。

蓋茲之後接受國際商業機器公司（International Business Machines Corporation，簡稱ＩＢＭ）的委託開發作業系統，從西雅圖電腦產品公司（Seattle Computer Products）買下作業系統86－ＤＯＳ，改良成電腦ＩＢＭ和ＰＣ能用的版本（ＰＣ－ＤＯＳ）來交貨，同時正式推出ＭＳ－ＤＯＳ，並授權給其他電腦廠商，建立成長的基礎。

想成為業界標準，不能光有速度

雖然將來看似安泰，不過蓋茲為了讓公司成長更加突飛猛進，而著手開發「Windows」，採用他在科技研發機構全錄帕羅奧多公司（Xerox PARC，現為ＰＡＲＣ）看到的技術。

一九八三年十一月，蓋茲「連設計都還沒做完」就宣布要推出「Windows」，並預言一九八四年底以前幾乎所有的ＩＢＭ－ＰＣ相容機（按：與ＩＢＭ－ＰＣ相容的個人電腦）都會使用 Windows。

然而，當時的情況卻不如蓋茲所料。產品發售延期，危機一再到來。

一九八四年一月，美國商業雜誌《財星》（*Fortune*）評論：「成敗取決於 Windows。假如它不能成為業界標準，微軟就會失去迅速成長的機會了。」

蓋茲以往的做法是搶先其他公司製造產品再出貨，問題之後再解決。然而 Windows 的情況卻相反。周遭的人不斷催促：「非推出不可。」蓋茲則堅決的拒絕：「我們推出的產品必須超越其他任何產品。」

在一九八七年，「Windows 1.01」終於完成了。

遺憾的是，這套作業系統沒能紅起來，不過蓋茲沒有因此放棄。他持續改良，接著靠在一九九〇年推出的 Windows 3.0 掌控大半市場，以一九九五年推出的 Windows 95 成為業界的霸者。

正因他秉持著堅韌不拔的態度，才能迎來成功。

目標是由我們建立「標準」

【1974 年】

我來做
BASIC
直譯器！
其實還什麼
都沒有。
MITS
公司
麻煩你了！

與業界大廠聯手，建立成長的基礎

請交給我吧！
IBM
麻煩你開發
作業系統。

Windows 的開發延期，面臨危機

【1984 年】

雖然宣布要推
出 Windows，
卻做不出符合
預期的產品。
但我絕對
不放棄！
成敗取決於
Windows。
FORTUNE

藉由 Windows 95 成為業界的霸者

【1995 年】

堅持就能贏！
Windows 95

比爾‧蓋茲

一九九五年生於美國西雅圖。一九七五年就讀哈佛大學時，與保羅‧艾倫一起創辦微軟。一九九五年靠 Windows 95 成為業界霸者。二〇〇〇年一月將執行長一職讓給史蒂芬‧巴爾默（Steve Ballmer），現為比爾及梅琳達‧蓋茲基金會（Bill & Melinda Gates Foundation）的聯合主席。

11

別用自己的觀點判斷顧客要什麼

——7-ELEVEN 培育之父／鈴木敏文

便利商店的出現，改變日本人的消費行為，更成為現在人民的生活一部分。業界領頭羊 7-ELEVEN 的誕生，要從百貨公司伊藤洋華堂開始談起。

一九七一年，當時百貨公司業界排行第八的伊藤洋華堂為了追求更多成長，考慮從美國連鎖店引進經營技巧。

列為對象的是便利商店 7-ELEVEN 和連鎖餐廳丹尼（Denny's）。

擔任交涉工作的是時年三十九歲的鈴木敏文。他原本在東京出版販賣公司（現為東販）工作，到了一九六三年，才進入伊藤洋華堂擔任人事部長，是管理方面的人才。

鈴木根據之前與 7-ELEVEN 的總公司南方公司交涉的經驗，堅信日本能透過美國連鎖店的經營方式來獲利，但別說外部專家不看好，就連伊藤洋華堂公司內部也持否定態度（按：鈴木以「即使失敗，也不影響公司」為條件，高層才讓鈴木繼續做下去）。

當時的洋華堂結束高度成長，再加上環境大幅變化，感受到危機的鈴木持續跟南方公司交涉，最後於一九七三年十一月簽約。

從顧客的立場來建立營運基礎

不過這時有一個大失算。

鈴木原本期待，伊藤洋華堂能活用南方公司的經營技巧，展現出與大型商店共存共榮的模式，但送來的經營指南和手冊，除了會計系統，其他內容都不適用於日本。鈴木感到懊悔，但事到如今說什麼也不能放棄。

鈴木心想，「既然南方公司的經營手冊派不上用場，就靠自己從零做起。」並於一九七三年十一月帶領十五名員工，設立子公司 York Seven（也就是後來的日本 7-ELEVEN）。

接著，鈴木開創出革命性的系統和服務，像是引進打破當時物流業界常識的共同運送（讓各個地區的負責廠商混載其他公司產品），和銷售時點情報管理系統（按：point of sale，簡稱 POS。一種廣泛應用在零售業、餐飲業、旅館等行業的電子系統，主要功能在於統計商品的銷售、庫存與顧客購買行為），或是為了做到全年無休，在正月運送商品，以及販賣飯糰和便當代替美式速食等。

這些措施都是手冊沒教的東西，所以遭到廠商和批發商強烈反彈。不過，鈴木和員工們以「從顧客的角度思考他們需要怎樣的服務，而非用自己的觀點來判斷」為由，成功說服反對者，建立了日式便利商店的基礎並延續至今。

一九七四年，7-ELEVEN 在日本開了一號店，一九七九年成功在東證二部上市，現在規模達到日本超過兩萬間，世界超過七萬間。

計畫引進美國連鎖店的經營技巧

【1971 年】

為了更多成長，
引進美國連鎖店
的經營技巧吧！
我來跟
7-ELEVEN
總公司交涉！

雖然成功簽約，經營手冊卻都不適用於日本

這個在日本
不能用⋯⋯。
南方公司
請收下。
經營手冊
美國 7-ELEVEN 總公司

靠自己從零做起

只有由我們
做了！
共同
運送
飯糰
便當
引進
POS
全年
無休

建立日式便利商店的基礎

【現在】
從顧客的立
場來思考。
日本超過 2 萬間，
世界超過 7 萬間！
7

鈴木敏文

一九三二年生於長野縣。曾在東京出版販賣公司工作，一九六三年進入伊藤洋華堂。一九七三年設立York Seven，擔任總經理。一九九二年擔任伊藤洋華堂代表董事會總裁。二〇〇五年擔任 7＆I 控股執行長。現為該公司名譽顧問。

12

一切都是為了提供更好的服務

——雅瑪多運輸前總裁／小倉昌男

一九七一年，小倉昌男繼承父親的公司大和運輸（按：之後改名為雅瑪多運輸，因其商標圖案，所以人們習慣稱為黑貓宅急便）時，昔日的輝煌消失，處於搖搖欲墜的狀態。

就在重建大和運輸之際，小倉提出將貨物從家庭運送到家庭的服務。以往該公司只運送百貨公司和其他企業的貨物，所以要發展以個人為對象的服務，可說是一場豪賭。

雖然質疑生意是否划算的聲浪很多，但小倉認為除了開拓新市場之外，別無他法，於是開始提供新服務。

於一九七六年開辦的宅急便業務，第一天交易件數只有十一件。這樣當然沒有利潤。但在打出「服務優先，利潤其次」的標語，持續推動到最後，大和運輸在一九八〇年度的交易件數，突破三千三百三十萬件，與日本國鐵的小型行李託送數量並駕齊驅，經常利益是前年度的三．三倍。

替顧客著想，改善服務

不過，這時有個重大的問題擋在面前。路線貨車是執照制，為了保護當地業者的利益，日本運輸省（相當於臺灣交通部）不會輕易發放某些地區的通行許可給大和運輸。

當時有人提議：「要不要透過民意代表協商？」

小倉則認為：「如果我借助民意代表的力量，對手也會做同樣的事。」他堅決不倚賴民代，同時下定決心，為了使用者，要光明正大的主張自己是對的。

小倉向運輸大臣提起訴訟，還刊登報紙廣告宣布，因運輸省許可延遲而不能提供新服務，意圖抗戰到底。結果大和運輸成功獲得許可。

除此之外，大多企業往往以自身方便為優先，造成顧客不便。例如，企業認為「顧客要自己把包裹包好，避免運送時因碰撞造成損傷」、「司機好不容易送貨過去，卻沒人收貨」。但顧客的立場，則是「完好無缺的送達貨物，才叫專業」及「希望自己在家時，才送貨過來」。

不同於這類企業，小倉總是以「一切是為了提供更優質的服務」的心情為根柢，替顧客著想，將宅急便改良成容易使用的方便服務，進而讓宅急便成為社會不可或缺的基礎建設。

為了重建公司，開始提供以個人為對象的服務

我要重整公司！
提供將貨物從家庭運送到家庭的服務！
宅急便

服務優先，利潤其次

第一天交易 11 件。
5 年後
一年突破 3,330 萬件！

不輕易妥協，堂堂正正主張自己是對的

抗戰到底！
為了提供顧客優質的服務！
訴訟
○×新聞
運輸大臣

宅急便成為社會不可或缺的東西

企業不能以自己的方便為優先。
徹底站在顧客的立場提供服務！
宅急便

小倉昌男

一九二四年生於東京。東京大學經濟系畢業後，就於一九四八年進入大和運輸（現為雅瑪多運輸）。一九七一年擔任總裁。一九七六年開辦宅配便業務，掀起流通和銷貨的革新浪潮。一九八七年擔任董事長。二〇〇五年離世，享壽八十歲。

13

在值得尊敬的人底下做事

——控股公司波克夏．海瑟威執行長／華倫．巴菲特（Warren Buffett）

華倫．巴菲特被人稱為「世界第一投資客」，以「奧馬哈先知」（The oracle of omaha）的名號獲得世界人士的尊敬（譯註：奧馬哈位在美國內布拉斯加州，是巴菲特的出生和居住地，先知則比喻他在投資方面的先見之明）。

二〇二〇年八月，巴菲特投資日本五大貿易公司（按：包括三菱商事、三井物產、伊藤忠商事、丸紅、住友商事）一事成為世界級新聞，由此可以感受到即便巴菲特已經九十歲，仍有強大影響力。

一九四一年，當時只有十一歲的巴菲特第一次投資股票。他用販賣口香糖和可口可樂得到的一百二十美元（約新臺幣三千七百五十元）買股票，賺到幾塊錢。

當時巴菲特獲得的教訓是：「不要拘泥於買進時的股價」、「不要急著獲得蠅頭小利」。

巴菲特認為，既然要工作，就要在值得尊敬的人的底下做事，不然獨立開業。所以，當他遇到影響自己一生投資哲學的班傑明．葛拉漢（Benjamin Graham）後，便決定去葛拉漢的公司工作。在葛拉漢退休並結束公司後，巴菲特選擇在自己的家鄉奧馬哈專靠投資股票謀生。

別人的看法，從來不是決策標準

巴菲特的投資哲學是：

1 不做短期買賣，以還算不錯的價格買進優質股票，長期持有。

2 不過度關注資料或市場短期波動，要注意事業的內容。

3 不做分散投資，而是集中投資在優良的企業上。

4 投資自己能真正了解的事業。

巴菲特忽視當紅的ＩＴ股，投資多半是自己能真正了解，且在任何環境下都可望成長的企業。

但巴菲特的做法卻引來其他投資客或評論家的猛烈批判。

不過，即使在這樣的逆風中，巴菲特仍堅定自己的信念。關鍵不在於看中外界的看法，而是「做自己相信對的事」。這正是巴菲特所謂的「內在成績單」。

結果在半年、一年中，流行股的股價下跌，許多人蒙受損失，巴菲特的利潤則穩定上升，於是大眾對他的評價也提高了，認為「巴菲特說的才是對的」。

雖然承受周遭的譴責會很煎熬，但在這種時候，更要堅定自身信念，如此一來，才能突破困境。

11 歲第一次投資股票

【1941 年】

耶！靠股票賺到錢了！
株

曾在證券公司上班，後來在奧馬哈靠股票投資生活

股票投資住哪裡都能做。

跟當時主流做法不同

投資時，不被流行左右，相信自己是對的！
短期交易
過度關注
分散投資
長期持有
注意事業
的內容
集中投資

號稱「世界第一投資客」、「奧馬哈先知」

在人們蒙受損失時，我賺到錢了。
現在 93 歲還在工作。

華倫・巴菲特

一九三〇年生於美國奧馬哈。六歲開始做小生意，十一歲第一次買進股票。畢業於大學商學院後，在父親的證券公司和資產管理公司上班，後來設立巴菲特聯合有限公司（Buffett Associates）。一九六五年取得波克夏・海瑟威（Berkshire Hathaway）的經營權，現為該公司的董事長兼執行長。

14

光想沒用，要實踐

——宜得利（NITORI）創辦人／似鳥昭雄

根據華倫．巴菲特的講法，學校裡最成功的學生，既不是懂得用功或受歡迎的人，而是最有執行力的孩子。宜得利的創辦人似鳥昭雄就是最好的例子。

似鳥生長於北海道，在家中排行老大。因為自小生活困苦，他為了減輕家裡負擔，幫母親偷賣私米，連用功讀書的時間都沒有，所以在小學到高中期間，似鳥的成績總是在最後幾名。

雖然似鳥設法考上大學，但因必須自己賺學費，所以每天都在打工。他回憶當時的情況，說：「大學幾乎沒學到東西。」

他畢業後就開始工作，卻處處碰壁。他反覆思考要靠什麼謀生，最後就想到，利用父親公司似鳥混凝土工業擁有的三十坪土地和建築物，經營一間家具店。

似鳥在一九六七年（二十三歲）時，向兄弟借錢在札幌開設「似鳥家具店」，幾年後創立的「似鳥家具批發中心股份公司」，是現在宜得利的前身。

有了夢想，才能盡全力思考

似鳥在沒有採購家具的經驗下直接開店，接著設法借錢開設占地兩百五十坪的分店。但由於分店附近開一間占地一千兩百坪的大型家具店，使得似鳥的家具店銷售額大幅下滑。

似鳥深知再這樣下去會面臨破產，他為此十分苦惱。就在這時，有人邀請他參加研討會，一起考察美國的家具店。似鳥抱著最後的希望參加，沒想到他在那裡有了意外收穫。

當他得知日本家具價格比美國高三倍時，便想：「我想讓日本跟美國一樣富足。雖然不能憑自己的力量讓薪水變三倍，但或許我可以讓價格降到三分之一。」

似鳥把自己的想法分享給其他參加研討會的夥伴，不過實際付諸行動的只有他一人。

接著，似鳥制定計畫並開始實行：「**一開始的十年要打造店面，下一個十年要打造人才，再下一個十年則打造商品。**」

途中雖然傳出破產，原本二十名員工剩下五名，但因似鳥的目標是「帶給日本媲美美國的富足生活」，所以他拚了命突破困難。

一個人只要有浪漫和夢想，就會盡全力思考下一步該怎麼做，然後實行。

二〇〇三年，從參加研討會起的第三十一年，宜得利達成一百家目標，銷售額一千億日圓（約新臺幣兩百一十七億元）。

開始經營家具行，卻碰到強勁對手

再這樣下去
會破產。
大型商店
似鳥家具批發中心
家具 家具
家具、內裝
家具、內裝

參加研討會，得知美國的家具很便宜

好便宜！
價格是日本的 1/3。
考察美國家具店的研討會

依據夢想建立計畫，並行動

我想讓日本跟美國一樣富足。

- 剛開始的 10 年，打造店面。
- 下一個 10 年，打造人才。
- 再下一個 10 年，打造商品。

正因有夢想，才能拚命思考，付諸實行

【2003 年】

擁有 100 家分店！
銷售額達 1000 億日圓！
ホームファッション
ニトリ

2020 年 2 月期	
分店數	銷售額
607 家	6,422 億日圓

似鳥昭雄

一九四四年生於庫頁島。曾在似鳥混凝土工業和廣告代理商工作，一九六七年開設似鳥家具店。一九七二年成立似鳥家具批發中心，參加考察美國的研討會。一九七五年開設日本第一家充氣式圓頂建築店面。一九八七年年度銷售額突破一百億日圓。二〇〇三年突破一百家分店，銷售一千億日圓。

15

讓眾人成為你的夥伴

——華特・迪士尼公司創辦人／華特・迪士尼（Walt Disney）

代表迪士尼形象的米老鼠誕生於一九二八年。

米老鼠在動畫短片《飛機迷》（*Plane Crazy*）初次亮相，而《飛奔的高卓人》（*The Gallopin' Gaucho*）是第二部以米老鼠為主角的短片。後來，二十六歲的華特・迪士尼在影片中加入聲音，完成第一部有聲動畫《汽船威利號》（*Steamboat Willie*）。

事實上，在這不久前，華特把以兔子為主角的「奧斯華系列」（*Oswald*）捧得大紅大紫。但因華特與發行商環球（Universal）發生契約糾紛，進而失去奧斯華的著作權和一大半的自家員工，經歷龐大的挫折。

他打定主意要重建公司，於是創造出米老鼠。對華特來說，無論如何都必須讓這部作品成功。

自信滿滿的華特向大型發行商推銷，卻沒有收到任何回覆。

這時紐約的殖民大戲院（Colony Theater）向沮喪的華特伸出援手，讓《汽船威利號》上映，還告訴他：「直到大眾說這是好電影之前，電影公司那幫人都不知道它的價值。」

迪士尼樂園在反對中誕生

電影在殖民大戲院上映後大紅大紫，獲得媒體報導，發行商也陸續打電話聯繫華特，米老鼠瞬間成了全美國的當紅炸子雞。

經過二十多年，華特決定正式進軍電視業界，同時宣布要建造迪士尼樂園（Disneyland）。雖然許多理事因認為風險很大而反對，不過華特表示：「好的娛樂，就是不分老少吸引任何人。」繼續推動建造叶畫。

只是，花費全部心力做出的東西，不見得都會被媒體、評論家和股東等人接受，有時候甚至會接收到辛辣的評論。更不用說華特的嘗試總是很先進，無法用常識衡量。

在批評風暴中，華特選擇相信大眾的反應。

不被評論家和發行商看好的米老鼠，剛開始也是受到人民青睞。

所以，不管在多麼困難的時刻，華特都堅信只要打動人群，大家就一定會站在自己這一邊，這樣的想法支撐了華特的內心。

無論過去或現在，決定誰是真正贏家的都是民眾和使用者。

與大型公司發生契約糾紛

【1928 年】

嗯……。
UNIVERSAL
要是爭起來，我們可不會善罷甘休！

從挫折中產生希望的老鼠

【1928 年】

只有這裡願意上映，一定要讓它成功！
紐約殖民大戲院

《汽船威利號》開始上映

不被發行商看好的電影大受歡迎

太好了！

決定真正贏家的是群眾

【1955 年迪士尼樂園開幕】

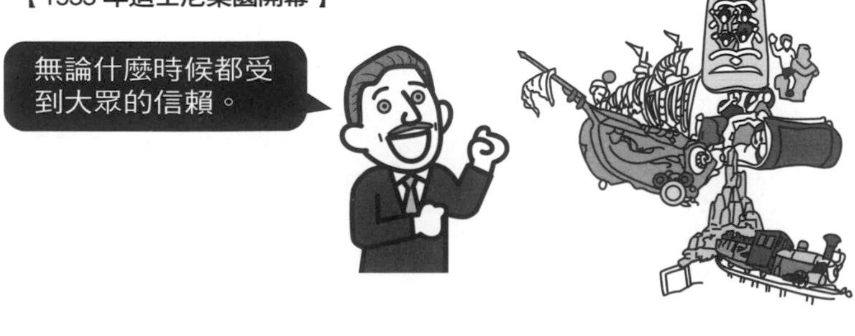
無論什麼時候都受到大眾的信賴。

華特・迪士尼

一九〇一年生於美國芝加哥。一九二三年與哥哥洛伊（Roy）共同設立迪士尼兄弟動畫工作室（Disney Brothers Cartoon Studio，現為華特・迪士尼公司〔The Walt Disney Company〕）。一九二八年創造米老鼠，大獲成功。一九五五年迪士尼樂園於加州安那翰（Anaheim）開幕。一九六六年過世，享壽六十五歲。

16

稻盛學第一課：動機是否良善

——京瓷創辦人／稻盛和夫

現任經營者當中，沒有一個像稻盛和夫一樣擁有許多信奉者。

一九八三年，某位京都年輕經營者向稻盛提出請求：「希望您能教我該怎麼經營公司。」稻盛以此為契機，發起經營學習會「盛和塾」。二〇一九年底解散組織時，國內外總計約有一萬五千名會員。

光看到這個數字，便能明白稻盛的經營觀，對現代經營者多麼有幫助。

稻盛於一九五九年、二十七歲時創辦科技公司京瓷，更讓該公司成長為世界級企業。另外，他也在其他事業中大顯身手，像是創辦以 au（日本行動電話服務品牌）聞名的電信公司第二電電（現為KDDI），或是重建陷入經營危機的日本航空（JAL）。

稻盛創辦第二電電，是為了將競爭機制帶進通訊市場；稻盛接受日本政府的請求，協助重建日本航空。對於他來說，這些都是高風險的戰爭，一旦失敗，就晚節不保。

稻盛在一九八三年決定進軍通訊事業。

雖然他想設法解決日本過高的通訊費問題，但是獨占通訊事業的電電公社（現為NTT）銷售額為四兆日圓（約新臺幣八千四百六十六億元）。相形之下京瓷則是兩千多億日圓，兩者的規模之差猶如巨象和螞蟻。

以小博大，獲勝的決定性因素

這場戰鬥看似有勇無謀，不過稻盛連續半年夜夜自問是否「動機良善，了無私心」（指動機不能只顧自己的利益或方便，且在過程中，必須時時審視內心，行動不能以自我為中心），確定救助世人的想法沒有動搖，才決意挑戰。

稻盛甚至決定，要從京瓷擁有的一千五百億日圓（約新臺幣三百二十六億元）資金當中投入一千億日圓。幸好他也獲得盛田昭夫等人的贊同，於一九八四年設立第二電電。

爾後，國鐵體系的日本TELECOM（現為SOFTBANK TELECOM），以及由日本道路公團（ＪＨ）和豐田組成的日本高速通訊（ＴＷＪ。後來被國際電信電話吸收合併，更名為ＫＤＤ。再後來跟第二電電和日本移動通訊合併，更名為ＫＤＤＩ）也加入市場，回過神來，稻盛的第二電電已被當成泡沫看待了。

對此，**稻盛**卻表示：「我**自創業以來，一向都是開拓沒有人走過的道路。就算是泡沫**，我**也有創業者的志氣**。」他花了兩年四個月，鋪設通訊線路。最後，爭取到一百三十萬條電信線路，成績是三家電信公司中的第一名，搶在一九九三年完成上市。

另外，二〇一〇年二月，稻盛以無給職董事長的名義，花了兩年努力重整被世人認為「不論是誰都無法重組」的日本航空（按：當時日本航空長年虧損，負債總額高達二・三兆日圓，相當於新臺幣五千億元）。

稻盛在當時也自問是否動機良善，了無私心，他堅信只要動機正確，就能突破苦難。

稻盛和夫

一九三二年生於鹿兒島市。曾在絕緣子（按：指用在架空輸電線路中起到電氣絕緣和機械固定作用的裝置）製造商工作，一九五九年創辦京都陶瓷（現為京瓷）。一九八四年設立第二電電。一九九八年允諾重建三田工業（現為京瓷三田），花兩年達成復興計畫。二〇一〇年無償擔任日本航空董事長，花兩年成功重建。

稻盛挑戰種種難關

KYOCERA【1959 年　創辦京瓷】

KDDI【1984 年　設立第二電電（現為 KDDI）】

JAPAN AIRLINES【2010 年　重建日本航空】

每天都會確認動機是否正確

必須幫助世人。
動機良善，了無私心。

豁出地位和名譽，決定重建日本航空

就做吧！
重建日本航空
誰都沒辦法做到。
失敗了，就晚節不保。

擁有許多信奉者的現任經營者

2 年重整日本航空。

17

對明天永遠有期待

——本田（HONDA）創辦人／本田宗一郎

本田創辦人本田宗一郎在小學二年級時第一次看到汽車，那時他在父親工作的地方幫忙打鐵，一聽到福特T型車（Ford Model T）來到村裡，便著迷的追在車子後面。

聞到的汽油味和看著駕駛員戴著帥氣帽子的模樣，決定了本田的人生。

一九二二年，本田進入當時頗負盛名的汽車修理廠亞特商會，在那裡學會修車技巧，接著，他經營亞特商會濱松分店和東海經機重工業，並於一九四八年設立本田技研工業。

本田公司以製造腳踏車用輔助引擎的小工廠起家，之後開發摩托車，一九四九年，本田發售真正的二輪重機「夢想D型」。同年，後來成為副總裁的藤澤武夫也進入公司。

一九五四年，本田以「我小時的夢想，是靠自己做的車稱霸世界大賽」為由，參加英國舉辦的曼島ＴＴ車賽（International Isle of Man Tourist Trophy，一年年度於曼島舉行的摩托車賽事，被譽為世界上最危險的機動車輛競速之一）。

越辛苦，越要大聲說出夢想

當時的本田公司還是新興企業，只創立五年多。

另外，當時日製摩托車品質還很差，光是穿越神奈川的箱根山區，引擎就必須冷卻兩、三次，才能發動。所以，當本田表示要參加摩托車競賽時，許多人認為本田只是在說大話。再加上，當時本田公司自豪的夢想號和其他產品，其銷售額沒有如預期成長，經營環境也很嚴苛。在這種狀態下講「要成為世界第一」，只會被人當成傻瓜。

然而，本田認為「**對明天沒有期待的人，就不會湧現希望**」，便大膽說出夢想。他說：「現在正是大家最辛苦的時候。越是這種時刻，越需要有一個願望。想在明天賞花，就得現在趕緊播種！」

跟自己製造的產品相比，德國和義大利的摩托車引擎，馬力和迴轉數都是兩倍以上。而本田為了超越對手，便激勵率領團隊的河島喜好（本田第二任社長）說：「馬力和迴轉數都要是以往的兩倍。」

到了一九五九年，也就是本田提出宣言的五年後，其公司終於成功參加曼島車賽，於一九六一年稱霸兩個量級；一九六五年獨占五個量級的世界冠軍。

就如本田所言，擁有遠大的夢想，能讓人獲得振作起來的力量。

日製摩托車的品質很差

日本摩托車還要再改進！
必須讓引擎冷卻。
引擎得再冷卻一次。

目標是參加曼島 TT 車賽

【1954 年】

我們要參加曼島 TT 車賽，獲得優勝！
不可能。
真是離譜。

激勵率領團隊的河島

馬力和迴轉數都要是以往的 2 倍。
咦，不會吧？

遠大的夢想能給人力量

不是成為日本第一，要成為世界第一。

1959 年	參加曼島 TT 車賽
1961 年	稱霸 2 個量級
1966 年	稱霸 5 個量級

本田宗一郎

一九〇六年生於濱松市。畢業於高等小學後，進入汽車修理工廠亞特商會當學徒（譯註：當時日本小學分為尋常小學和高等小學等兩個階段，與現在合併為六年制的小學不同）。後來設立亞特商會濱松分店，還設立製造汽車零件的東海精機重工業。

一九四八年設立本田技研工業。一九七三年卸下總裁一職。一九九一年離世，享壽八十四歲。

抓住運氣的能力

和最優秀的人一起工作

——Yahoo 前執行長、Google 前副總裁／梅麗莎．梅爾

梅麗莎．梅爾（Marissa Mayer）曾在史丹佛大學修習電腦科學的碩士課程，成績優秀到獲得十二家企業錄用。但她最後選擇當時只有十幾名員工的 Google。梅爾進入 Google 的決定性因素，是那裡有一群出色的人。她想：「和一群最優秀的人工作，能磨練自己，進而獲得成長。」於是梅爾成為 Google 第一位女性程式工程師，工作量遠遠超過旁人。

「每天睡四小時，睡哪裡都可以。」梅爾憑著衝勁和整理好的資料數據，陸續

改善 Google 的產品，進入公司第六年就被提拔為副總裁。

然而，梅爾在二〇一一年失去參加營運委員會的資格，這是她進入公司以來第一次感到挫折。這時雅虎（Yahoo）來了邀約：「想不想當執行長？」

梅爾堅信自己能從事更遠大的工作，於是在二〇一二年，三十七歲的她擔任 Yahoo 執行長。雖然當時的 Yahoo 已經過了黃金成長期，市占率陸續遭到 Google 和 Facebook（現為 Meta）奪走，高層也頻頻異動，是間衰敗的公司，但梅爾仍和 Google 時期一樣拚命工作。

梅爾強化落後於人的行動通訊事業，同時將百個專案縮減為十個，推動媒體事業，可是搜尋引擎的市占率仍在減少，更無法遏止時價總值下滑。

到了二〇一七年六月，Yahoo 的主力事業統統賣給威訊通訊（Verizon Communications），梅爾也被資遣，只能離開公司。

即使梅爾非常賣力的工作，也不可能只憑努力來重整跟不上時代潮流的企業。

梅麗莎·梅爾

一九七五年生於美國威斯康辛州。一九九九年大學畢業後成為 Google 首位女性工程師。曾參與建立搜尋、Gmail、Google 新聞及其他服務，並擔任 Google 搜尋產品與使用者體驗副總裁。

二〇一二年七月擔任 Yahoo 執行長。二〇一七年離開公司，現為 Lumi Labs 共同創辦人。

第2章

離成功的最後一哩路，最難熬

1 景氣再差，也有賺錢的店

——薩莉亞創辦人／正垣泰彥

正垣泰彥在一九六八年創辦義大利家庭餐廳連鎖店薩莉亞，現在全球約有一千五百家門市。

正垣創立薩莉亞的契機，是大學時期某天打工時，同事說：「我想跟你一起工作，你一定要開家店。」

他找父親商量，讓父親幫忙買下位在千葉縣市川市八幡的水果輕食店，並改裝成西餐店，以「薩莉亞」的名目開張。

薩莉亞的位置在二樓，難以引人注目，正垣卻輕忽這一點，認為「不管怎樣，都有人會光顧」。結果跟他想的不同，完全沒有顧客上門。

為此苦惱的正垣決定把營業時間延長到早上四點，沒想到，這裡反而成了當地不良少年聚集的場所。開店七個月後，客人之間產生衝突，還意外引起火災，店面統統燒毀，正垣也差點喪命。

這讓正垣開始考慮要收掉店還是在其他地方重新開始，沒想到他母親卻說：「那個地點對你來說再好不過了，在同樣的位置繼續努力吧。」於是薩莉亞重新開張了。

不怪顧客、選址、景氣，客人自動上門

剛開始，還是沒有客人來消費。

大多數人碰到這種情況，往往會把生意不好的原因全歸咎於外在因素，像是地點不好、顧客沒眼光、景氣很差……但正垣認為這麼做沒有意義，不如努力吸引顧客來光顧。後來，他想出一個方法：提供低價菜單。

可是，當時許多人認為「便宜沒好貨」，所以就算正垣把菜單統統打五折，仍沒有客人願意上門。他決定調整折扣，菜單改打七折，結果來客數一天一口氣變成六百至八百人，讓他確信「這項方針能賣」。

由於顧客太多，一家店應付不過來，於是正垣陸續展店。

正垣表示，將客人不來消費的理由全怪罪到外部因素上，等於從一開始就放棄招攬顧客上門。

再怎麼辛苦也不能把責任轉嫁給顧客、景氣或選址等，而是要在顧客願意上門之前，**思考自己能做的事**，埋頭不斷努力，如此一來，就能突破逆境。

1968 年薩莉亞開幕

【1968 年】

加油吧。
義大利料理　薩莉亞
蔬果店

為了吸引顧客而營業到早上

完全沒有客人上門。
乾脆營業到早上 4 點吧！

店裡成為不良少年聚集的場所，因為爭執而意外引起火災

歡迎光臨。

低價菜單讓生意大為興隆

低價菜單吸引了很多顧客上門！
不怪顧客、不怪位置，不怪景氣。
義大利料理　薩莉亞
蔬果店

正垣泰彥

一九四六年生於兵庫縣。在大學時期開設薩莉亞一號店，卻因火災付之一炬。大學畢業後，以義大利料理店形式讓薩莉亞重新開幕。一九七三年設立現在的薩莉亞股份公司。

2

有失敗的心理準備，反而能拚盡全力

——羅多倫咖啡創辦人／鳥羽博道

確立日本「立飲（站著喝）一百五十日圓咖啡」形式的羅多倫咖啡（DOUTOR Coffee），其創辦人鳥羽博道出社會的生活，是從意想不到的情況中起步。

一九五四年，高中生鳥羽在父親經營的鳥羽美術義眼製作所幫忙，卻因為偶發事件跟父親大吵一架。爭執中，他父親拿起武士刀要跟他爭論，鳥羽見狀，害怕的跑出家外，直接前往東京。

鳥羽無意回家向不講理的父親道歉，也做好高中輟學的心理準備。為了謀生，他以見習廚師的身分在餐廳工作，他想：「出社會時，絕不能輸給同學們。」

當時，鳥羽早上要做的第一個工作是泡咖啡，他也因此迷上咖啡。

後來，他在烘焙和批發咖啡豆的公司工作，接著遠渡巴西，在咖啡農園辛勤工作三年。那時的鳥羽認為自己不會再回到日本，沒想到咖啡公司的總裁卻打電話叫他回來。歸國半年後，二十四歲的鳥羽創辦羅多倫咖啡公司。

只要身體還能動，就拚盡全力

然而，當時日本有三百五十家同業者，新進公司要打進市場並不容易。吃閉門羹可說是家常便飯，就算好不容易爭取到訂單，對方最後也沒付款。

鳥羽的腦海中每天都閃過「破產」兩個字。不過就在某一天，他察覺到對破產的**恐懼，會萎縮心靈，讓自己沒辦法果斷的做生意、下決策**。

於是鳥羽在內心決定：「就算明天倒閉也沒關係，只要身體還能動，就要拚盡全力。」結果心情變得輕鬆起來，生意更在這時步上軌道。

後來他又遇到困難，借來的七百萬日圓（約新臺幣一百五十四萬元）被別人騙走。不過，鳥羽秉持「**成功的祕訣，在於成功之前不放棄**」的決心，最終突破苦難，成功創辦 COLORADO 咖啡館（羅多倫旗下的咖啡品牌），接著努力替羅多倫咖啡展店。

一個人要是太怕失敗，不但做不到原本能做的事情，甚至會錯失難得的機會。

鳥羽做好失敗的心理準備，鼓起勇氣大膽挑戰，最終獲得成功。

鳥羽博道

一九三七年生於埼玉縣深谷市。一九五四年高中輟學，前往東京，進入飲食業界。一九五九年遠渡巴西，擔任咖啡農園的現場監工。回國後於一九六二年設立羅多倫咖啡。一九七二年開設 COLORADO 加啡館。一九八〇年在原宿開設「羅多倫咖啡店」。二〇〇六年起擔任名譽董事長。

父子爭執，鳥羽逃出家外

【1954 年】

像你這樣的窩囊廢懂什麼！

為了生活開始工作，知道咖啡的美味

咖啡真的很好喝。
歡迎光臨。

雖然創業，每天過得卻不如意

會破產嗎？
妨礙工作！
吃閉門羹
延長寬限期吧。
應收帳款未回收

放下對失敗的恐懼，向前邁進

就算明天倒閉也沒關係，全力去做吧！
覺得失敗也沒關係後，就覺得輕鬆多了。
DOUTOR

擴展成超過 1000 家的大型連鎖店

3

就算只賺一元，也想賣顧客喜歡的東西

——大創創辦人／矢野博丈

以前百圓商店販售的商品，給人印象是雖然便宜，但品質不好、容易壞掉。不過，現在覺得百圓商店商品「便宜沒好貨」的人逐漸減少。百圓商店的先驅是大創（DAISO）產業創辦人矢野博丈（舊名栗原五郎）經營的「大創」。

矢野生於中國北京，二戰敗戰後回到父親的家鄉廣島。他們家原本是大地主，矢野的父親是醫師。但駐日盟軍總司令部（按：同盟國軍事占領日本時期的最高權力機關，代表同盟國指揮日本政府的運作）的農地改革，讓地主失去許多土地，再加上矢野的父親不願意從貧困患者身上賺錢，所以他們生活得很困苦。

因貧窮吃苦的矢野，藉由結婚的機會，改名換姓，並受岳父之託繼承幼鰤養殖業。但三年後，矢野經營失敗而破產，他背負債款七百萬，趁夜逃到東京。

在東京落腳的矢野改行九次，做過教材推銷員、舊物換衛生紙的業者等。到了一九七二年，他在超級市場的店門口，創辦販賣廉價雜貨的移動販賣店「矢野商店」。這時他三十歲，夢想是「在死之前成為年銷售額一億日圓（約新臺幣二千一百一十九萬元）的商人」。

哪怕只能賺一元，也想銷售顧客喜歡的商品

矢野在銷售時，經常聽到有人表示「便宜沒好貨」。的確，當時以百圓賣出的東西成本便宜，所以品質有侷限。

不管矢野走到哪裡，都有人說同樣的話，漸漸的，他產生「即使成本提高，也想販賣好東西」的想法。

矢野想：「哪怕只能賺一日圓，只要顧客喜歡的商品飛快賣出，就能獲利。」

從此以後，他**重視品質甚於眼前的利益**。這項方針讓店裡的銷售額凌駕其他同業公司，使得一九八七年起擴展的大創百圓商店快速成長。

矢野表示：「因為我們能販賣顧客喜歡的商品，讓他們驚訝：『這個東西居然只賣一百日圓。』才會有今天的成績。」顧客那句「便宜沒好貨」正是矢野讓事業飛躍的金玉良言。

對於以往屢次受挫的矢野來說，讓顧客驚喜比自己賺錢更重要。

矢野博丈

一九四三年生於中國北京。隨著二戰戰敗而撤回日本。不斷改行和經商後，於一九七二年創辦矢野商店。一九七七年以大創產業股份公司的名義法人化，一九八七年開始擴展「大創百圓商店」。

改行 9 次之後，開設移動販賣店

【1972 年】

真想在死之前成為年銷售額一億日圓的商人。

因為只賣 100 日圓，所以品質不好

你們的商品很便宜，品質卻不好。
真是便宜沒好貨。

即使成本提高，也堅決要賣好東西

哪怕只能賺 1 日圓，
也要販售顧客喜歡的商品。

擴展為日本約 4,280 家，國外約 1,000 家的大企業（截至 2023 年 9 月）

用 100 日圓，一樣能買到好東西。
DAISO

4

就算沒人看好，也要相信自己

——CyberAgent 創辦人／藤田晉

創業家需要抱持「即便沒人期待，也要相信自己能做到」的意志，以及能為此賭上一切的力量。

曾在人力派遣公司上班，於一九九八年創辦日本網路廣告公司 CyberAgent（按：提供 Ameba 部落格、網路電視 AbemaTV 等服務）的藤田晉，就是這樣的人。二十六歲的他在二〇〇〇年三月，因以「史上最年輕總裁」的身分，讓 CyberAgent 成功在東證 Mothers（按：東京證券交易所是屬於日本交易所集團，其規模在世界前五大內。東證的上市版有第一部、第二部、Mothers 等）上市，而成為話題人物。

但僅過了一年半，由於碰到網路泡沫崩潰，藤田就陷入「只能放棄公司」的嚴重危機。

陷入困境的原因在於，泡沫崩潰造成股價低迷，有人盯上 CyberAgent 上市時獲得的高額現金，導致藤田被捲入一場收購遊戲中，幸好，樂天創辦人三木谷浩史這時救了他。

雖然藤田突破一開始的危機，但 CyberAgent 卻無法順利轉換成他所追求的媒體企業。「CyberAgent 由擅長業務的藤田所創，是一群空有氣勢的年輕人聚集的公司」，要擺脫這種印象並不簡單。

第二次危機緊接著到來。二〇〇六年，網路服務供應商活力門（livedoor）因涉嫌違反《證券交易法》而遭到警方搜查。一個多星期之後，當時的活力門總裁堀江貴文遭到逮捕。

活力門是當時網路企業的代表，所以發生該事件後，使業界連帶受到衝擊，CyberAgent 的股價跟著暴跌。

重整赤字的Ameba部落格事業

藤田為了突破難關，做出大膽的決斷。

他不只是第一個換掉幹部的經營者，為了讓 CyberAgent 成功轉型成媒體企業，他還擔任長年赤字的 Ameba 部落格事業部部長。這項決斷蘊含藤田堅定不移的決心，「要是之後兩年做不起來，我就辭掉。」

當時，沒有人相信該公司能順利轉型，也不期待 Ameba 部落格業績能好轉，但對於追求「開創代表二十一世紀的公司」的藤田來說，無論如何都必須實現這兩個目標。

藤田相信，就算只有自己一人，只要堅信自己做得到，就能突破困難和苦境。

在他的努力和堅持下，Ameba 部落格於二〇〇九年每個月的觀看次數，都超過一百億，CyberAgent 終於成功轉型成媒體事業。

二〇一四年，藤田獲選為《日經 Business》「由總裁選出的最佳總裁」。

以東證 Mothers 史上最年輕總裁的身分，成為話題人物

創辦代表 21 世紀的公司！

面臨網路泡沫崩潰

股價暴跌
堀江貴文被捕
世間的印象
一群空有氣勢的年輕人聚集的公司。

堅定決心，大膽決斷

我要把 CyberAgent 經營成媒體企業。
要是 2 年做不起來，我就辭職！

成功轉型

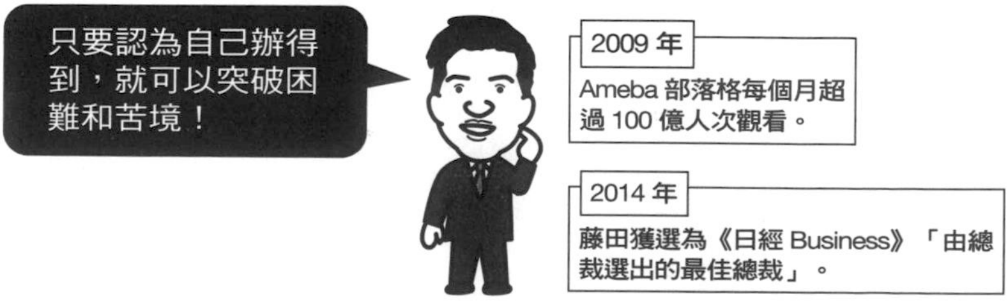

只要認為自己辦得到，就可以突破困難和苦境！
2009 年
Ameba 部落格每個月超過 100 億人次觀看。
2014 年
藤田獲選為《日經 Business》「由總裁選出的最佳總裁」。

藤田晉

一九七三年生於福井縣鯖江市。曾在人力派遣公司 INTELLIGENCE（現為 PERSOL CAREER）上班，一九九八年創辦 CyberAgent。現為該公司代表董事，兼任 AbemaTV 與 AbemaNews 代表董事。

5

從顧客的行動中，找成功的提示

——CoCo 壹番屋創辦人／宗次德二

日本第一咖哩連鎖店 CoCo 壹番屋創辦人宗次德二眼中的「艱辛」，超乎一般人的想像。

一九四八年，宗次出生後不久就被送到孤兒院，三歲時成為經營雜貨店的宗次夫婦養子。不過，養父好賭成性，養母因無法忍受而離家出走。由於錢被賭光，宗次跟養父只能過著窮困的生活，不但沒水、沒電，連吃都有問題。

宗次十五歲時，由於養父過世，之後跟養母相依為命，這時他總算體驗到有電可用的生活。

為了貼補家用，宗次高中時期在打工中度過。

一般來說，要是有這麼辛酸的經驗，就算對人生不抱希望也很正常。

不過，至今以來的艱辛，讓宗次成為「不抗拒從早到晚揮汗工作的人」，他很感謝這些經歷。

宗次高中畢業後，到不動產公司上班，後來獨立創業。他二十四歲時開設不動產仲介業「岩倉沿線土地」。

不過，不動產業的景氣時好時壞，宗次因此感到不安，便與妻子直美商量，開設「擁有現金收入」的咖啡廳Bacchus。開店沒多久，宗次漸漸覺得「服務業不只是妻子的天職，對自己來說也是」，於是接著開一家咖啡專賣店浮野亭。

不用一開始就完美，邊做邊修正

但是，顧客沒有如兩人預期般光顧。宗次和妻子窮到每天吃三明治或是用剩的吐司邊。

這時維也納咖啡（按：起源於奧地利的一種喝咖啡的方式，簡單來說，就是在濃縮咖啡上擠上一層鮮奶油）拯救了宗次的咖啡廳，生意開始步上軌道。過程中，宗次發現妻子做的咖哩大受好評，這讓他下定決心要改開「咖哩專賣店」。

然而，因為宗次只顧忙著處理開店的事，導致料理和待客都做得不夠好，客人不願意再上門消費。從這次經驗中，宗次體會到，「被顧客斥責或在失敗後意識到不對，得逐步修正」，然後努力解決問題。

約過了十個月，咖哩店就達到目標銷售額，又過了一陣子，該公司急速成長為日本第一的咖哩連鎖店。

宗次認為，剛開始就算一開始會失敗也沒關係，總之先試著做做看。做了之後不斷改善，便能獲得成功。

看到妻子的咖哩獲得好評，便決定開咖哩專賣店

謝謝你。
咖哩真好吃。
就來開咖哩
專賣店吧！

才過 2 天，客人就不願上門消費

為什麼客人
不來呢？

傾聽顧客的聲音，然後不斷的改善

總之先聽聽顧客怎麼說。
出餐慢
態度不佳
咖哩太甜
招牌好髒

2013 年以「分店數世界第一」認定為金氏世界紀錄

做生意最好先有起頭，
再逐步改善到最好。
分店數世界第一

宗次德二

一九四八年生於石川縣。剛出生就被送到孤兒院，三歲成為雜貨商的養子。高中畢業後曾在不動產公司上班，後來經營喫茶店，一九七八年創辦「CoCo 壹番屋」。二〇一五將所有股份賣給好侍食品。現在致力於社會貢獻和慈善活動。

6

讓外界看到你振作的樣子

——DeNA 創辦人／南場智子

南場智子在麥肯錫公司（McKinsey & Company）工作時成績斐然，約在三十幾歲時，她開始思考：「我想在社會上開創自己構思的事業和服務，大顯身手。」

南場並不是想辭職。只是她在三十四歲時成為麥肯錫日本分公司的合夥人（董事），在公司裡，她想做什麼工作，統統都能做。唯一做不到的就是實行自己深思熟慮過的事業。

她曾焦急的想：「假如自己是經營者，就可以做得更好吧？」

誰都可能失敗，重點是之後要怎麼行動

一九九九年三月四日，南場與同樣在麥肯錫公司工作的川田尚吾及渡邊雅之，合租位於東京代代木公園旁的二十多平方公尺公寓，設立網路公司 DeNA，打算以電子商務起家。不過當時的日本尚未有正式網路拍賣，他們第一次經營這種事業就出了大問題。

雖然創業成員能編纂網路服務的規格書，卻沒辦法自己架設系統。於是南場委託某間公司來開發系統，但到了同年十月底，要準備做正式營運前的測試時，她才驚覺「（系統開發用的）程式碼一行都沒寫」。

其實，南場曾為了看開發現場，打算拜訪位在九州的開發公司。但對方卻有所推託，但她當下卻不以為意，沒發現有什麼不對。換句話說，就是下了指示，卻疏於查核作業是否照預定進行。

再加上，Yahoo 已開始經營網路拍賣，這讓南場感到焦急。

面對這次的失敗，南場一味抱怨「遇到詐騙了」，丈夫卻告誡她：「總裁是最

大的負責人。」

丈夫的話點醒了南場，她決定誠心誠意向出資企業說明狀況，費盡全力讓大家團結一心。

藉由這次經驗，南場深刻了解到重新振作有多重要。無論是誰都可能會失敗，關鍵在於是否因此一蹶不振，還是能重新振作起來，讓人刮目相看。

一九九九年十一月，該公司開始提供第一項服務「拍賣網站 bidders」，成功度過最初的危機。

爾後，南場碰到艱困時，總會回想起創業時的失敗教訓——為了讓人另眼相看，要努力振作精神，然後好好的面對危機。

從超級菁英上班族轉為在公寓租房當總裁

【1999 年 3 月】

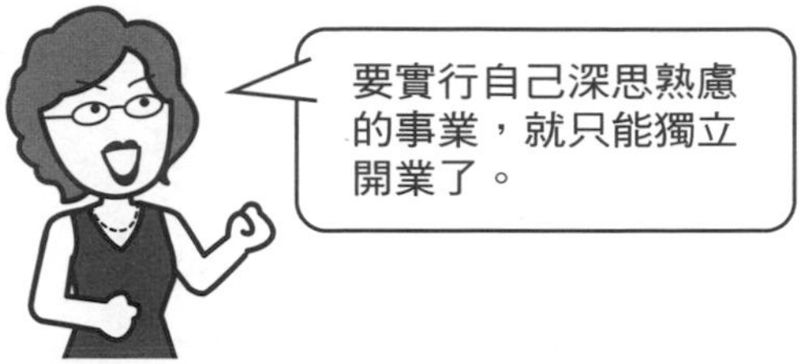
要實行自己深思熟慮的事業，就只能獨立開業了。

第一次創業，發現系統不完備

【1999 年 10 月】

先做網路拍賣吧！
遇到詐騙了！

抱著自己不是受害者的強烈決心

我必須誠心誠意向出資者說明，讓大家團結一心！
丈夫
總裁才是最大的負責人。

漂亮振作，讓人刮目相看

【1999 年 11 月】

失敗後，更要努力打起精神！
開設拍賣網站 bidders。

南場智子

一九六二年，在新潟市出生。後來進入日本麥肯錫公司，三十四歲時成為日本分公司的合夥人。一九九九年設立 DeNA 股份公司，擔任代表董事。二〇一一年為了照顧生病的丈夫，而卸下代表董事一職，二〇一七年復任代表董事。

7 找不到下一步，就先退一步

——星巴克（Starbucks）前董事長兼執行長／霍華．舒茲（Howard Schultz）

再怎麼優秀的企業，在成長過程中，有時也會迷失重要的事物。若要找回重要之物，就少不了龐大的熱情。

「咖啡可以分成普通咖啡和星巴克咖啡。」這是行銷學之父菲利浦．科特勒（Philip Kotler）的名言。能讓科特勒這樣說，可見星巴克在業界有特別的地位。

星巴克的故事始於一九二八年，霍華．舒茲以行銷負責人的身分，開始在西雅圖一號店工作時。

當時的星巴克只零售袋裝咖啡豆和咖啡粉，沒有提供飲料。

一年後，舒茲走訪義大利，前往好幾家濃縮咖啡吧，飲用咖啡師沖泡給自己的咖啡，感受到「這裡不只是喝咖啡的休憩站，更像一座劇場。光是待在此處，就是美妙的體驗」。

舒茲回到美國後，想馬上在西雅圖重現在義大利的體驗，於是向星巴克創辦人提出建議，然而創辦人沒有採納其意見。

為了實現自己想做的事，舒茲在一九八五年設立每日咖啡公司（Il Giornale），目標是「成為地球上最出色的咖啡吧」。

一九八七年，舒茲將星巴克店面和烘焙廠連同公司名稱一起買下，保留星巴克為公司名稱，擴展更多的商業活動。

遏止業績惡化，暫時關閉美國所有門市

在舒茲的經營下，星巴克漂亮的成長為世界級品牌。

到了二〇〇〇年，舒茲宣布引退，辭去執行長一職。星巴克在他引退後，一開

始雖持續成長，但過程中因只坐享成功，沒有配合潮流做出任何改變，不久就被人指摘「迷失方向」。與對手的競爭變激烈，業績逐漸低迷。

二〇〇八年一月，舒茲復任執行長，並決定暫時關閉美國共七千一百家門市，同時告示：「為了製作完美的濃縮咖啡而研習」。

當時有人提醒：「關店一天就會損失幾百萬美元。」、「只要寫出『研習中』，等同於承認咖啡品質低落。」對於業績低迷的星巴克而言，這項決策很可能會成為致命傷。即使如此，舒茲為了找回星巴克體驗，決定「先退一步」。

這份決定讓星巴克成功找回光輝，二〇一〇年的業績比之前幾年還要高。舒茲在重建星巴克中發揮熾烈的熱情，建立並堅守世界屈指可數的品牌。

星巴克本來只賣咖啡豆

【1983年】

加油吧。
STARBUCKS

獨立開業的目標，是做出地球上最出色的咖啡

【1983年】

美國也來做濃縮咖啡吧！
2年後
既然不採納意見，我就創業做看看！

併購星巴克，擔任執行長

【1987年】

併購星巴克！
13年後
就算卸任，也沒問題。

後來因星巴克低迷不振而復職

【2008年】

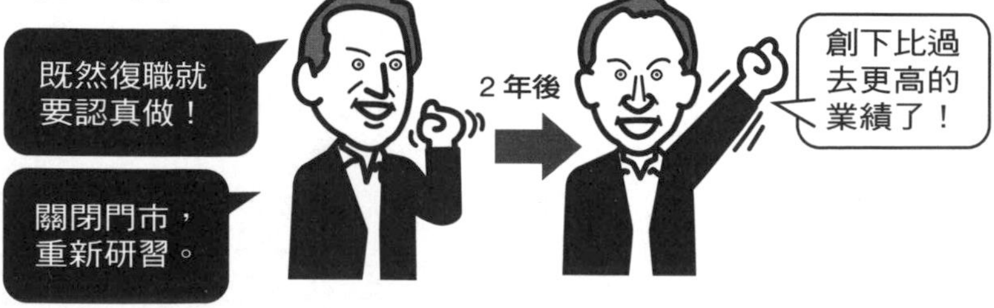
既然復職就要認真做！
關閉門市，重新研習。
2年後
創下比過去更高的業績了！

霍華・舒茲

一九五三年生於美國布魯克林。曾在文案管理、處理技術公司全錄（Xerox）工作，擔任過雜貨公司的副總裁，後來進入星巴克。

一九八五年獨立創辦每日咖啡，一九八七年併購星巴克，二〇〇〇年卸下執行長一職，二〇〇八年復任執行長。二〇一七年再次卸下執行長一職，僅任董事長。二〇一八年亦卸下董事長一職。

8

承認失敗，和追求成功一樣重要

——優衣庫（UNIQLO）創辦人／柳井正

一九八四年六月，柳井正於廣島開設優衣庫一號店。

柳井原以專務董事的身分，經營父親創辦的男性服飾店小郡商事，但因父親倒下，他改以總裁身分支撐小郡商事。

柳井大學畢業後曾在超市工作，一九七二年進入父親的公司時，公司只擁有一家男士服裝店和一家休閒服專賣店VAN，年銷售額僅約一億日圓。

柳井父親的經營方式雖然沒有造成赤字，但獲利也沒那麼多，柳井為此感到著急，屢次和老員工發生衝突，兩年後就只剩下柳井和另一名員工。

當時，柳井注意到洋服專賣店「洋服的青山」到郊外開設店鋪，且業績開始成長，這讓他對郊外門市休閒服店產生興趣。

柳井因此嘗試以三年開一家門市的頻率展店，販賣在國外採購的商品。不過，他開的店沒有獲利，門市不斷開了又關。

為了解決這個狀況，柳井開始思考「能否針對十幾歲的人，提供低價、符合流行的休閒服」，經過一番思索後，他便開設優衣庫一號店。

新事業會失敗很正常，所以撤退時不能猶豫

爾後門市慢慢增加，利潤卻因進貨而沒有如預期上升，柳井便考慮由自己製造商品。於是他改變做法，在中國生產衣服，由優衣庫員工進行生產管理。結果就造就之後的「刷毛熱潮」（按：刷毛外套Fleece雖輕薄保暖，但不夠時尚。柳井靠研發數十種顏色，且壓低價格，讓產品熱賣）。

根據柳井的說法，在一九九八年十一月時開設的原宿店，以及同時期的刷毛熱

潮，確立了該公司的品牌地位。

在此之前開的店，都是失敗多於成功。舉例來說，柳井開過販賣運動休閒服的「SPOQLO」、家庭休閒服的「FAMIQLO」及其他總計三十六間門市，卻因沒有做出跟優衣庫商品的差異而撤退。他開設販賣有機蔬菜的「FR FOODS」，也很快退出市場。

即使經歷多次失敗，柳井也沒有那麼在意，因為他認為，新事業以失敗收場是很正常的事。

要獲得成功，關鍵就在於承認失敗，一旦察覺沒賺頭，就要馬上撤退。

優衣庫 1 號店在廣島開幕

【1984 年】

加油吧！
優衣庫

在原宿展店和刷毛熱潮讓生意興隆

【1998 年開設原宿店】

成功了。

察覺沒賺頭時，要馬上撤退

SPOQLO
撤退吧！
FAMIQLO
FR FOODS

成功的祕訣在於，承認失敗及退場時機

老實承認失敗，
迅速退場。

優衣庫門市數	
日本	813
國外	1,439

※2020 年 8 月

柳井正

一九四九年生於山口縣宇部市。大學畢業後曾在佳世客（JUSCO，現為永旺〔AEON〕）上班，之後進入小郡商事工作。一九八四年開設一號店，同年擔任小郡商事總裁。一九九一年將公司改名為迅銷（Fast Retailing）。一九九八年開設原宿店。二〇〇二年成為代表董事會會長，二〇〇五年再次復任總裁。

9

逆境分兩種，你現在遇到哪一種？

——日本資本主義之父／澀澤榮一

號稱「日本資本主義之父」的澀澤榮一，曾參與設立日本第一國立銀行、後來的王子製紙、東京海上火災、東京電力、東京瓦斯及其他眾多企業。

他出生在明治維新的前後，遇到各式各樣的變化，即便如此，他仍在逆境中奮鬥，最後度過出色的人生。

澀澤的人生大致可分為七個時期：

1 作為富農的長男，刻苦學習經商、劍術及學問。

2成為尊王攘夷（按：認為日本執政者理應是天皇，而非幕府將軍。武士階層指責且屏斥德川幕府的軍政，呼籲應奉還天皇實權，以抵抗侵犯日本的外夷，此種政治訴求活動即尊王攘夷）志士。

3成為一橋家（按：德川將軍家的支系之一）家臣。

4以幕府直臣的身分遠渡法國。

5成為明治政府官僚。

6以實業家身分活躍。

7民間外交。

澀澤一生中，還經歷大政奉還（按：指江戶幕府最後一位大將軍德川慶喜還政於明治天皇）和明治維新（按：日本明治時代初期所推行的一系列重大崛起舉措，如修訂不平等條約、廢除階級制度等），這些事件一再逼迫澀澤選擇與自己設想相異的未來。比如，他以幕府直臣身分遠渡法國學習銀行的機制，回國時棲身的幕府已不存在，時代轉為王政，這個經歷想必讓澀澤非常為難。

澀澤在熬過種種波瀾和逆境後，意識到逆境分成兩種：人為和人力無法抵抗。

分辨困境，馬上改善

一旦陷入困難，要先區分「這是屬於哪種逆境？」之後再思考怎麼應對。澀澤建議：「假如遇到人力沒辦法抵抗的逆境，就順應天命，耐心等待該來的命運，不屈不撓，勤勉上進。假如碰到人為逆境，其實幾乎是自己造成的結果，所以要先反省自己，改正缺點。」

說得更直白一點，他認為就算是難以應對的逆境，只要覺悟「這是上天現在賦予我的任務」，就能冷靜、認真且努力向上。

澀澤在逆境中的努力非比尋常。

雖然設立日本第一家化學肥料製造公司，但當時事業呈現赤字，重要的工廠統統被燒毀時，許多股東要求澀澤解散公司。

然而，澀澤認為製造化學肥料是振興日本農村不可或缺的要素，強調「即便只有自己一人，也要完成」，他展現本事，竭盡全力讓工廠重新開工。

對於澀澤來說，堅定的信念——為社會著想，是支撐他突破逆境的力量。

澀澤榮一

一八四〇年生於埼玉縣。雖是農民出身卻出仕一橋家，以德川民部大輔（譯註：民部是日本掌管民政和稅務的政府部門，大輔是官職名稱）隨扈身分前往法國。一八七三年辭官，成為第一國立銀行總監。爾後設立和經營超過五百家企業，並參與設立和經營超過六百家教育機構和慈善事業。

以幕府直臣的身分遠渡法國，回來之後幕府就不存在了

【1868 年】
從法國回來

王政復古

從幕府直臣到明治政府的官僚，再到實業家

不管是什麼逆境，
只要做好心理準備，就能冷靜並全力以赴！

「為社會著想」，支稱自己突破逆境

振興農村需要肥料
為了社會，就算單打獨鬥也要做成功！
○×公司
赤字

號稱日本資本主義之父

我的人生就是為了日本持續工作。
東京瓦斯
王子製紙
東京海上火災
東京電力
第一國立銀行

10

宜家家居怎麼把危機變轉機？

——宜家家居（IKEA）創辦人／英格瓦·坎普拉（Ingvar Kamprad）

英格瓦·坎普拉生於瑞典，他在一九四三年，十七歲時創立宜家家居。公司名稱取自於自己名字、父母居住的埃姆特瑞（Elmtaryd）農場，以及居住區阿干那瑞村（Agunnaryd）的第一個字母。

這家店剛開始只經銷鋼筆和其他零碎的雜貨，後來經銷家具。不過在當時，有很多經銷家具的業者競爭價格，而宜家家居也被捲入價格戰。宜家家居為了壓低價格而犧牲品質，導致投訴蜂擁而來，甚至失去了顧客的信賴。為了解決這個狀況，坎普拉想到一種商業模式：讓消費者在展示場上能親眼看、實際觸摸家具，查驗品質後訂貨。宜家家居藉此擺脫危機。

一九五〇年代中期，宜家家居的年度產品型錄《ＩＫＥＡ型錄》，其發行量甚至成長到五十萬冊（按：隨著消費者閱讀習慣改變，該型錄於二〇二〇年十二月終止發行，使二〇二一年型錄成為最後一期）。

危機就是轉機

然而，這次換國內家具廠反對宜家家居的低價策略，而選擇中止交易，使該公司無法取得重要的家具。

面臨生死存亡關頭，坎普拉找了當時屬於共產圈的波蘭家具廠進行交易，因波蘭製的家具便宜、品質又好，讓宜家家居能順利壓低產品價格，且獲得高評價。

坎普拉回顧當時，說：「危機產生活力，所以才能時時找出新的解決方法。」

另外，他還抱持信條：「為了壓低價格，再怎麼辛苦也不嫌麻煩。」

宜家家居的特徵之一，是家具自助服務系統。顧客從門市架上拿家具，載回到自家，然後自行組裝。這也是追求「該怎麼做，才能壓低價格」後產生的結果。

坎普拉每次遇到危機時，都藉由持續思考「如何提供顧客更好、更便宜的家具」，跨過困難進而締造成功，提升為世界屈指可數的品牌。

英格瓦．坎普拉

一九二六年生於瑞典斯莫蘭地區（Småland）。五歲開始做生意，十七歲設立宜家家居。一九五三年在艾爾姆胡爾特（Älmhults kommun）開了常設家具展示場。一九五八年開設第一間宜家家居店鋪。一九六一年憑藉波蘭的產品克服危機。二〇一八年，於九十一歲時過世。

從小型雜貨店到家具店

【1953年瑞典】
接下來
賣家具。
雜貨店
家具店

開設家具展示場，獲得好評

捲入價格競爭，
因品質降低而失
去顧客的信賴。
對了！就讓
顧客實際看
到家具，查
驗品質吧。

來自國內家具廠的反對

中止交易！
家具廠
麻煩了…
對了！波蘭
產的家具
便宜、品質
又高！
波蘭

擴展出家具自助服務系統

為了壓低價
格，要不厭其
煩的努力！

11

馬斯克：只要我還在呼吸，絕不放棄

——特斯拉汽車執行長、SpaceX創辦人／伊隆．馬斯克

伊隆．馬斯克（Elon Musk）從求學時，就不斷談到「拯救地球」這種有如科幻小說般的夢想。他在史丹佛大學研究所念了短短兩天就輟學，之後他和美國企業家彼得．提爾（Peter Thiel）成功共創PayPal，由於獲得大筆資金，馬斯克開始專心實現夢想。

馬斯克其中一個夢想是製作火箭，將人類送到火星上，於是他創辦航太製造商以及太空運輸公司SpaceX。另一個夢想則是為了拯救地球環境，必須開創電動車時代，他以特斯拉汽車（Tesla Motors，現為特斯拉〔Tesla〕）執行長的身分參與

其中。

因兩者都是屬於國家規模等級的事業，所以周圍的人都認為馬斯克沒經驗卻要挑戰，實在過於魯莽。實際上，SpaceX 實驗發射升空失敗三次，特斯拉汽車開發第一輛電動車「Roadster」時，不得不投入一億四千萬美元（約新臺幣四十三．八億元）。

以自有資金支付開發費的馬斯克被逼到破產邊緣，不過他不願放棄挑戰。他把能賣的東西統統賣掉，還向朋友借高額貸款。接著對員工宣布：「我以前沒放棄，以後也絕對不會。只要我還在呼吸，事業就會繼續。」

討厭放棄，努力拯救地球

這種不願放棄的精神讓馬斯克的努力開花結果。二〇一〇年，特斯拉汽車繼福特之後，成為在美國公開發行股票的汽車製造商。二〇一二年，SpaceX 的天龍號（Dragon）成功和國際太空站對接（docking），除此之外，馬斯克還取得其他有形可見的成果。

雖然特斯拉汽車碰到量產障礙，其艱困程度到連馬斯克都感嘆：「汽車生意是地獄。」不過，他秉持「工作就像在地獄，每星期工作一百個小時」的信條，頑強的突破困難，使得該公司於二〇二〇年七月超過豐田汽車的時價總值，成為汽車業界的第一名。

天龍號也於二〇二〇年五月載著兩名太空人抵達太空站，取代太空梭的地位。設立不到二十年的企業，為什麼能突破所有的困難、跨越失敗，然後獲得這麼大的成功？

理由就是馬斯克堅信自己能實現夢想。

馬斯克幾乎兩手空空就從生長地南非來到美國，他的信念強悍到天大的逆境都可以突破，這麼也為什麼人們會稱讚他為「狂人」。

從求學時就不斷說著有如科幻小說般的夢想

PayPal 大獲成功，創辦 SpaceX，擔任特斯拉汽車的執行長

即使快要破產，也絕不放棄夢想

兼具頑強和瘋狂，無論什麼困難都能戰勝

伊隆・馬斯克

一九七一年生於南非共和國。後來移居加拿大，於一九九〇年進入加拿大的皇后大學。曾經成功創辦軟體公司 zip2（為新聞提供線上城市導航與指南資訊）和 PayPal，接著在二〇〇二年設立 SpaceX，翌年投資特斯拉汽車，擔任執行長。

12

假如第一次不順利，就再做五次

——Panasonic 創辦人／松下幸之助

松下幸之助將 Panasonic（舊稱松下電器）培育為世界級企業，而受到許多經營者的景仰，更被世人尊稱為經營之神。

松下在一八九四年出生，是八個兄弟中的老么。他五歲時父親做大米投機生意失敗破產，致使他放棄學業，前往大阪當學徒。

就算想創業，松下不得不從一無所有起步。當時的他沒學歷、沒背景、沒資金，還經常生病。但即便如此，松下仍打算創業，只因他懷著一個渺小的心願，「希望明天不會為了填飽肚子而煩惱」。

一旦開始做某事，松下在成功之前，絕不放棄，所以他最終成功創業。

四年多，遊說超過五十次

二戰時，松下電器雖然成長到擁有兩萬六千名員工，卻因戰爭，奉軍隊命令製造五十六艘木造船，被駐日盟軍總司令部認定為財閥（按：在日本指由某一家族獨占出資作為資本中心的大型企業），而受到七項限制。

松下因被解除公職，產生滯納稅金，因此面臨嚴重的金錢困難。但他沒有因此氣餒。在當時，駐日盟軍總司令部的命令不容質疑，要翻案可說是魯莽至極，但松下認為應要導正駐日盟軍總司令部的錯誤，於是前往駐日盟軍總司令部超過五十次，提交多達五千頁的資料，他花了四年又幾個月，終於成功解除限制。

松下說：「假如做一次不順利，就多做五次、十次，這段時間以來，我就是這樣不停的遊說。」他更表示，「人會失敗，多半是因為在成功之前就先放棄」。

松下的工作信念是，如果今天放棄，明天絕對不可能成功。只要是合乎正道的事，就堅持到最後，絕不放棄。

只要堅持到對方理解，多半都可以達成目標。「即使一、兩次不成功，做十次也就容易了」。

松下幸之助

一八九四年出生。一九〇四年，小學四年級時輟學，改當學徒。曾在大阪電燈工作，於一九一七年開始製造和販賣改良插座。翌年設立松下電氣器具製作所。一九七三年辭去松下電器產業董事長一職，就任顧問。一九八九年過世，享耆壽九十四歲。

受到來自駐日盟軍總司令部的 7 項限制，被解除公職

【1946 年】

解除松下幸之
助的公職。
GHQ

認為該解除限制而踏進駐日盟軍總司令部

無論如何都
要對方解除
限制！

4 年多來，前往駐日盟軍總司令部 50 次以上

假如講一次不懂，
就說明無數次。

1950 年解除各項限制

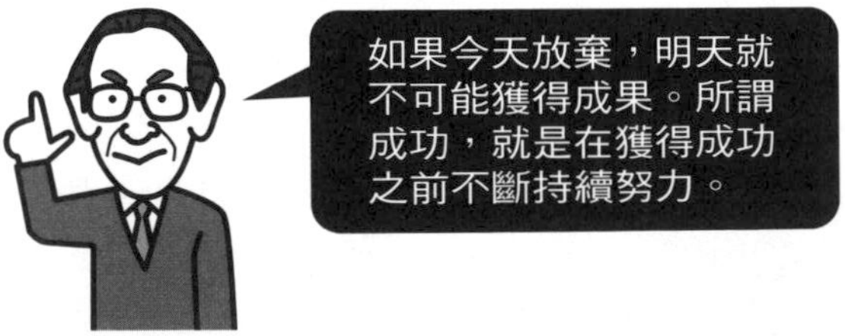
如果今天放棄，明天就
不可能獲得成果。所謂
成功，就是在獲得成功
之前不斷持續努力。

抓住運氣的能力

求勝是好事，但不能為了勝利不擇手段

Uber 創辦人／崔維斯・卡蘭尼克（Travis Kalanick）

Uber 以叫車網站、叫車 App 和餐飲外送服務 Uber Eats，聞名世界。該公司於二〇〇九年在舊金山誕生，創辦到現在才過了十多年，時價總值約為七兆日圓（約新臺幣十五・七億元），營運據點分布在七十個國家，超過四百五十座都市。

設立 Uber 的人是葛瑞・坎普（Garrett Camp）和崔維斯・卡蘭尼克。Uber 從計程車叫車服務起家，不久後就提供一項特殊的服務，讓通過公司面試的人使用自己的車，承攬跟計程車一樣的工作。這項服務雖然被視為嶄新的交通基礎建設而獲得矚目，卻也招來計程車業界和行政機構的強烈反彈。

這時發揮力量的是卡蘭尼克。

卡蘭尼克認為：「技術革新的過渡期常會伴隨著問題，但從社會整體來看，必帶來正面影響。」並決定在獲得勝利前要堅持到底，絕不放棄。他之所以採取強勢態度，是因為第一家創辦的公司，受到周圍的壓力而破產。該公司跟使用者線上分享電影或音樂，而得到急速成長。但唱片業界和電影業界以違反著作權法為由提告，要求賠償高達兩千五百億美元（約新臺幣七．七兆元），以致破產。

所以他這次的做法是，假如行政機構和國會反對，就動員使用者，藉由使用者的支援來獲得勝利。即使周圍的人要求卡蘭尼克妥協，他也不聽，堅定自己的行動，最後成功將 Uber 擴散到世界各個都市。

雖然卡蘭尼克是擴展 Uber 的重要推手，但由於行事作風過於強勢，當媒體報導許多有關他的醜聞（按：指創辦 Uber 時的手段引起爭議，如利用對手的系統叫車再取消等）後，他負起責任，於二〇一七年辭去執行長一職。

崔維斯・卡蘭尼克

一九七六年生於美國加州洛杉磯。大學念兩年就輟學，與六名同學共同開發 Scour.net。二〇〇〇年遭到三十三家媒體企業起訴，他宣告破產以迴避訴訟。後來雖然設立新公司 Red Swoosh，卻遭到夥伴背叛，剩下他孤軍奮戰，二〇〇七年以一八七〇萬美元賣掉公司。二〇〇九年創辦 Uber，二〇一七年辭去執行長一職。

第3章

抓住運氣的能力，幾歲都來得及

1

無論幾歲都可以重新出發

——日清食品創辦人／安藤百福

安藤百福藉由發明泡麵和杯麵，改變了全世界的飲食文化，是個大器晚成的成功者。

即便屢屢失敗，安藤也不曾想過要放棄，他繼續踏實耕耘，不斷的前進邁進，最終獲得好結果。

安藤生於一九一〇年，結束義務教育後就幫忙祖父經營綢緞莊，二十二歲時獨立開業，在臺灣設立纖維公司東洋莫大小，且大獲成功。

一九三三年，安藤在大阪設立針織品批發商日東商會，二戰中，製造臨時棚屋，戰後則改經營製鹽業。

然而，駐日盟軍總司令部懷疑安藤逃稅，將他監禁在東京拘留所兩年，讓他吃到苦頭。就在安藤決定整頓所有經營的事業時，有人拜託他擔任新成立的信用合作社理事長。

對於以往一心經商的安藤來說，金融業務是未知領域，所以他原本打算拒絕，不過對方卻說：「只是掛名也可以。」安藤便答應擔任理事長。但沒不久，信用合作社破產，讓他失去自宅以外的所有財產。這是心急導致判斷錯誤的結果。

人無論幾歲都可以重新出發

事發當下，雖然安藤感到後悔，但至今克服許多困難的他很快看開，並認為：「我只失去財產而已。」接著他回想起二戰後，黑市一堆人為了吃拉麵而排隊的樣子，便決定開發拉麵。

雖然他既沒錢也沒部屬，更沒有開發食品的經驗。但他在自家庭院蓋了一個小屋，從早上五點窩到半夜一、兩點，一心一意的不斷試作。

即使反覆失敗，安藤依舊持續探究，一年後，他成功開發出日本第一個泡麵雞湯拉麵。

這份辛苦有了回報，雞湯拉麵在日本狂銷。

後來，安藤從美國人將雞湯拉麵掰成兩半放進紙杯用叉子吃的模樣，獲得靈感，接著開發出杯麵「合味道」，這項產品掀起足以改變世界飲食文化的革命。

根據安藤的說法，就算各國飲食習慣不同也無妨，因為美味不分國境。

正因突破許多挫折，安藤體悟道：「雖然別人說我四十八歲重新出發，太晚了。但我認為人生中永遠不嫌遲。無論幾歲都能有新的開始。」

雖然經營各種事業，駐日盟軍總司令部卻懷疑他逃稅

因為著急而接受未知領域的工作

即使失敗仍以積極的心態向前邁進

雞湯拉麵熱賣促進杯麵的開發

安藤百福（原名吳百福）

一九一〇年生於臺灣。二十二歲時在臺灣設立纖維公司東洋莫大小〈東洋之織品之意〉。一九五八年發明世界第一個泡麵，將公司改名為日清食品。一九七一年發明世界第一個杯麵。二〇〇六年離世，享耆壽九十六歲。

2

人無法回到過去，只能向前邁進

——愛麗思歐雅瑪（IRIS OHYAMA）創辦人／大山健太郎

加拿大精神科醫師艾瑞克·伯恩（Eric Berne）曾說：「雖然無法改變別人和過去，卻可以改變自己和未來。」雖然是耳熟能詳的一句話，但許多人忍不住懊悔過去，喪失向前邁進的勇氣。

生活用品製造商愛麗思歐雅瑪創辦人大山健太郎，在十九歲時因父親過世，而繼承父親的工廠大山射吹工業所。雖然他從國中起就幫父親做事，也認為自己總有一天會繼承事業。只是他沒想過會提前接下工作。為了家人和五名工人，大山發誓，無論如何都要守住工廠。

當時的工作以承包為主，用塑膠製造委託的零件再交貨。委託的工作很多，大山要兼顧營業、送貨及機械作業，過著晚上操作機械，白天稍微打盹的生活。不久後，為了從承包轉型成自製，他決定製造和販賣養殖用的漁業浮標，後來捧紅了塑膠製育苗箱，甚至在宮城縣蓋了工廠。

就算景氣差，也要持續獲利

然而，沒多久就發生第一次石油危機（一九七三年），大山不但要負擔大量存貨，還因價格崩跌而陷入經營危機。銷售額減少，僅兩年就耗盡儲蓄十年的資金。

大山很快做好了心理準備，「既然回不到過去，就只好向前邁進」，由於大阪員工幾乎都離職了，所以他決定關閉創業所在地大阪工廠，留下宮城工廠，裁員超過百人，只留下一半員工。

大山鼓舞自己「不能就這樣結束」，他留意到比起把企業當作銷售對象，當目標客群設定成一般消費者時，生意較不容易被景氣左右。於是大山策劃轉型，進軍家庭園藝和寵物用品領域，藉由塑膠製花盆和塑膠製狗屋，該公司開始成長。

根據這份經驗，大山產生「比起在景氣好時賺錢，更要重視景氣差也能持續獲利」的觀念，這也成為該公司的企業理念。

陷入困境的人往往對過去的選擇和失敗感到懊悔，不過大山認為，就算再怎麼後悔，也回不到過去。既然如此，就要向前邁進。

大山健太郎

一九四五年生於大阪府藤井寺市。一九六四年，因父親過世而成為大山射吹工業所代表。一九七二年，仙台工廠竣工。一九八九年將總公司遷到仙台市。一九九一年將公司改名為愛麗思歐雅瑪。

19 歲成為一家的支柱

【1964 年】
19 歲
父親 42 歲過世
8 個兄弟姊妹中的老大

繼承父親的工廠後，因石油危機而陷入經營危機

麻煩了。
大山射吹工業所
第一次
石油危機
大量庫存
價格崩跌

比起業界，不如做消費者的生意

要重視不景氣
時，也能持續
獲利！
把消費者設定成目標客群，
較不被景氣左右。
進軍園藝和寵
物用品的領域

藉由轉型讓公司成長

無法回到過去，
只能向前邁進！
要放眼未來！

3

變革，要在業績最好時執行

——奇異（General Electric）前執行長／傑克・威爾許（Jack Welch）

經營產業包含電子工業、運輸、醫療等的奇異公司，是美國發明家湯瑪斯・愛迪生（Thomas Edison）創辦，以歷史悠久為豪的美國大企業。

即便是像這樣的名門企業，若疏於改革，沒有任何創新，自然會走向沒落。

一九八一年，四十五歲的威爾許擔任執行長，因拯救沒落的奇異，讓該公司變成最強的企業，而被稱為「傳奇執行長」。

威爾許剛開始幾年徹底賣出孱弱的事業，導致約有十萬名員工離開奇異。

由於威爾許採取激烈的裁員方案，正好成了媒體的標靶，而遭受社會譴責，甚至被冠上「中子彈傑克」（Neutron Jack）的外號（譯註：比喻威爾許的裁員方案就像中子彈一樣殲滅人員）。

問題，要在爆發前處理

然而，進入九〇年代後，幾乎每個企業都會採取這種裁員方法，他們不但沒被譴責，反而抬高公司股價。

一九九四年，威爾許對於世間類似的風潮，這樣說：「裁員是令人難受的工作。我在一九八〇年代初期被人叫『中子彈傑克』。……現在，IBM毅然裁員十五萬人，卻受到讚揚。每天報紙會報導哪家企業裁員六千人、八千人或一萬人。這種事我們十年前就做了。」威爾許說的「十年前就做了」，具有很大的意義。

根據他的說法，被奇異辭退的人要找新工作沒那麼難，而且奇異有餘力支付他們足夠的資遣費。他認為，假如決策晚了，就沒辦法做到這樣的事。

「要是沒在情勢尚好時處理問題，問題總有一天會變更嚴重，在自己的眼前爆發。因為我們在好時機開始（縮編），才沒有落到赤字的下場。今天，我們又重新增收員工了。」

就因為威爾許懷著「被譴責」的決心毅然改革，奇異才沒有陷入困境。**許多企業在業績正好時，往往會拖延解決問題的時間，但實際上，在情勢絕佳時，更該認真改革和解決問題。**

傑克・威爾許

一九三五年生於美國麻薩諸塞州。從伊利諾伊大學（Illinois State University）研究所畢業後，進入奇異。三十二歲成為奇異最年輕的總經理，三十六歲成為副總裁，四十五歲成為奇異史上最年輕的執行長。他藉由貫徹「選擇和集中」策略，讓奇異成為時價總值世界第一的企業。

懷著遭到譴責的決心毅然改革

【1980 年代】

不管別人說什麼，現在就是要改革！
·賣掉孱弱的事業
·裁員 10 萬人

1990 年代後，裁員變得稀鬆平常

【1990 年代】

我 10 年前就做了。
好慢！
IBM
我們裁員 15 萬人。

要在情勢好時改革，才有意義

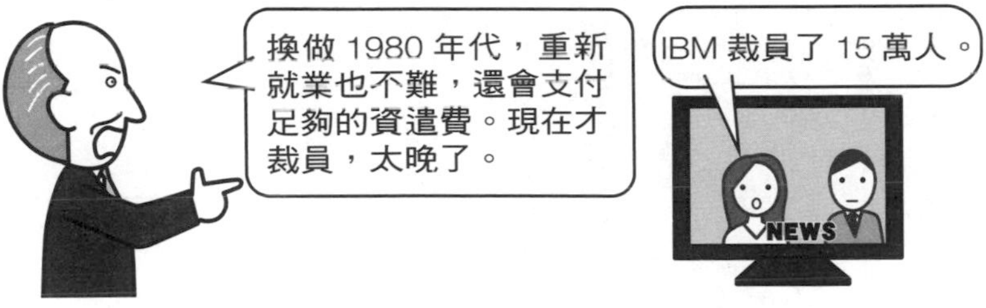
換做 1980 年代，重新就業也不難，還會支付足夠的資遣費。現在才裁員，太晚了。
IBM 裁員了 15 萬人。
NEWS

不滿足於現狀，持續變革

只要提前採取對策，就有餘力戰勝困難。
幫大忙了！

4

慢慢增加勝利的次數

——旭酒造董事長、獺祭發明之父／櫻井博志

純米大吟釀（按：清酒的特定名稱之一。僅用米和米麴釀製）獺祭現在以日本第一出貨量為豪，在世界上聲名遠播。然而，這款名酒是櫻井經歷許多失敗和危機，帶著「必須設法克服」的志氣中誕生。

釀造獺祭的，是位在山口縣的旭酒造公司（一七七〇年創辦）。旭酒造過去只是屈居當地第四的小型清酒莊，之所以能變成代表日本清酒莊，其關鍵人物是櫻井博志。

櫻井大學畢業後，曾在西宮酒造（現為日本盛，不但屢屢拿到日本清酒評鑑金

賞，旗下「惣花」酒款，更成為德仁天皇即位晚宴時指定用酒）學藝，於一九七六年，進入父親經營的旭酒造工作。然而，櫻井與父親因釀酒和經營方針不同而對立，他離開公司討生活，設立石材批發公司。

櫻井將這間公司培育成年銷售額兩億日圓（約新臺幣四千三百六十二萬元）的企業時，父親卻撒手人寰，為了繼承家業，他於一九八四年擔任旭酒造總裁。

但當時的旭酒造經營狀態慘澹，會計師甚至揶揄是「長期破產」。

再加上，當時日本酒市場萎靡，櫻井當時忍不住想：「我們家的清酒莊究竟能撐到什麼時候？」

為了擺脫困境，櫻井使出所有方法。例如，他用紙盒包裝招牌商品「旭富士」，設法促進買氣。不過，這對於衰敗的清酒莊來說，只是杯水車薪。

此外，櫻井還進軍在地啤酒事業，卻因此背上債務，其金額與旭酒造的年銷售額匹敵。雪上加霜的是，認為旭酒造未來沒希望的杜氏（按：在日本，釀酒者被稱作藏人，而領導眾藏人的最高責任者，就稱為杜氏。由於每個杜氏擅長的技術和風格都不同，再加上他們會根據當地飲食而做不同的設計，所以酒款最終呈現的風味，就決定在杜氏身上）帶著藏人辭職。要是沒錢，連釀酒的技術都會失去，櫻井本以為旭酒造已窮途末路，沒想到杜氏辭職卻成了大轉機。

把他人經驗化成數值

一九九〇年代，在杜氏走人後，櫻井製作普通酒（按：日本酒分成普通酒和特定名稱酒等兩大類型。而普通酒就是沒達到特定名稱酒標準的一般日本酒）的同時，也決定自己釀酒，將酒做到極致，於是開始磨米釀造純米大吟釀獺祭。

首先，他把杜氏的經驗和直覺化成數字，落實有形資料。本來每年釀造一次改成「四季釀造」，全年無休的生產。另外，獺祭不只在當地販售，而是追求更大的市場，打進日本全國，最後成功推向世界。

說起來，櫻井沒因為遇到接連襲來的危機而放棄，他選擇持續挑戰，才會獲得成功。他說：「沒時間因落敗而消沉。要自己設法獲勝，慢慢增加勝利的次數。」

櫻并繼承「長期破產」的旭酒造

【1984 年】

酒莊能撐到何時呢？
破爛
破爛

在地啤酒事業失敗，杜氏辭職了

在地啤酒失敗
ビール
杜氏走人
我要辭職。

「自己做」，酒要講究到極致

我自己釀！
落實有形資料，不依賴直覺
實驗結果
第1次
第2次
第3次
第4次
1天
2天
3天
4天
全年無休 不停生產
獺祭誕生

獺祭熱賣全世界

我唯一的念頭，就是釀出能夠讓人讚嘆的美酒。
獺祭

櫻井博志

一九五〇年生於山口縣岩國市。曾在西宮酒造學藝，於一九七六年進入旭酒造。後來與父親對立而離職，開設石材批發公司，卻因為父親驟逝，而在一九八四年回頭繼承家業。透過獺祭，他把旭酒造培養成日本龍頭級清酒莊，同時積極銷往國外。

5

追求其他公司沒做到的細節

——未來工業創辦人／山田昭男

「一天工作七小時十五分鐘。」

「零加班。」

「全年假日有一百四十天」

「禁止逼迫別人報告、聯絡、相商，不能強迫別人達到生產配額。」

採取這類夢幻措施的未來工業，別名「日本最幸福的公司」和「超級良心企業」。未來工業主要製造電設資材和水管器材，其中一項業務是生產一百多種電氣開關盒，他們以日本內市占率七〇%為豪，是一家獨一無二的企業。

一九四八年，山田昭男畢業於舊制大垣中學，開始以專務董事的身分，在父親經營的山田電線製造所工作，但他沉迷於戲劇，還在當地組成劇團「未來座」，自己也參與其中，埋頭練習演戲，滿腦子都是劇團的事。

另一方面，他在公司做事虎頭蛇尾，即使結婚也依然故我。父親忍受不了山田這個樣子，就把他開除了。

沒有收入來源的山田為了謀生，決定在一九六五年跟劇團夥伴共同設立未來工業，跟父親的公司一樣製造電設資材。這家小公司占兩間共六坪的房間，一間放置一臺機械，另一間則當成事務所。

在相同產品加入巧思，創作新產品

未來工業的第一件產品，是能把一條電線分岔成數條的透明接線盒。在這個領域中，未來工業的競爭對手是松下電器。資本額只有五十萬日圓（約新臺幣十一萬元）的新公司，想靠製造「一樣的東西」來贏過強敵，可說是難如登天。但為了在業界存活下來，山田決定，無論再小的事物都要多下工夫，藉此和競品做出差異。

當時的法律已規定電設資材的材質和製造方式，如果變更規格，就會違法。

未來工業採取的做法是，思考產品可以增加哪些部分，然後「增加試用後，覺得還不錯的地方（按：舉例來說，當時的開關盒都有兩個螺絲孔，方便人們安裝在牆上，而未來工業把螺絲孔增加到四個，讓開關盒能更加穩固；或者是改變電線配色等）」。

透過現地現物（按：親臨現場確認實物），不斷追求其他公司沒做到的細節，持續製造容易使用和操作的電設資材，使得該公司有所成長，一九九一年就成為名證（按：名古屋證券交易所的簡稱）二部的上市企業。

山田的特徵在於跟其他公司反其道而行。

當其他公司批評：「這種事不可能辦到。」他就反駁：「你有相關經驗能證明自己說的話嗎？」大多數人連做都沒做就只會批評，山田卻不受常識拘束，持續挑戰創造出新產品，打造出獨一無二的公司。

山田昭男

一九三一年生於中國上海。畢業後進入父親經營的山田電線製造所。他在經營家業的同時還主持劇團未來座。一九五六年與劇團夥伴共同創辦未來工業。一九九一年在名證二部上市。二〇一四年離世，享壽八十二歲。

沉迷於戲劇，遭到父親開除

年輕時

咦？
我要開除你這個做事打混的傢伙！

為了謀生而設立公司

【1965 年】

來開公司吧！
與劇團夥伴共同創辦未來工業

決心製造「日本首創的產品」

要贏過強大的對手，就要以「首創」決勝負。
在相同產品增加對手沒做到的部分。

與其他公司反其道而行之後成功

1天工作7小時15分鐘
零加班
全年假日140天
禁止設定生產配額
跟其他公司做出差異，變成良心企業。

6

一天改善一%，一年後強大三十七倍

——樂天創辦人／三木谷浩史

經營企業的方法有兩種，一種是每天不斷改善，逐步接近成功，另一種則是試圖一口氣獲得龐大市場。

樂天創辦人三木谷浩史，就是懂得靈活運用這兩種策略的罕見領導人。

三木谷出生於神戶市，大學畢業後進入日本興業銀行（現為瑞穗銀行）工作，之後到哈佛大學留學，取得企管碩士學位，順利走在平步青雲的路上。

不過，日本在一九九五年發生阪神大地震（按：該震災在日本地震史上具有重要的意義，它直接影響了日本對於地震科學、都市建築防震、交通防震的重視），讓三木谷的故鄉化為廢墟，連姨丈和阿姨都在這場災害中過世。失去敬愛的家人，對三木谷的人生觀產生重大影響，更成為他創業的一大轉機。

一九九六年，三木谷創辦顧問公司克里姆森集團（Crimson Group），接著把賺來的資金當作本錢，創辦了樂天，他再於一九九七年五月開設電子商務平臺「樂天市場」。

不過，三木谷開設樂天市場時，展店數只有十三間，使用者不到三十人，月銷售額僅僅十八萬日圓（約新臺幣三．九萬元），營收可謂慘澹。

大多數人看到這個數字，心情都變得絕望。

然而，三木谷並不畏懼。即便面對寥寥幾間店、數量不多的使用者和不漂亮的銷售數字，他認為：「零不管乘幾倍還是零，哪怕數字只增加一或二，也一定能在改善做不好的部分後，增加顧客數量。」

有些人會加盟樂天或在樂天消費，一定是基於某些理由。也就是說，只要改善其他部分，就能吸引其他人，再改善下一個部分，就能增加更多人。

一天改善一%，一年強大三十七倍

有的人會輕視改正，而三木谷則相信改善的力量：「儘管每天只改善一%，持續一年，就有三十七倍的改變」。

爾後，樂天持續成長，創辦一年後樂天市場上的店家數量超過一百間。一九九八年底為三百二十間，一九九九年底突破一千八百間。二〇一八年度整個集團的銷售額更是達到一兆日圓（約新臺幣二・二億元）。

對於三木谷來說，比起周遭人的看法，自己是否相信能達成某事更為重要。而其結果就是現在的樂天。

三木谷目前出最多力的是於二〇二〇年進入的手機事業。雖然市場非常嚴峻，即便許多人認為「主要國家的手機業者最多三家，不可能冒出第四家」，三木谷仍堅信自己能成功並朝夢想奮勇前進。

從平步青雲到直接面臨阪神淡路大震災，決心創業

【1995 年】

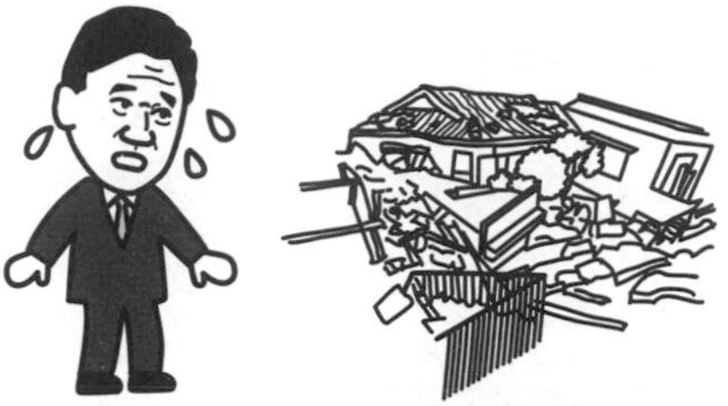

從慘澹結果中起步

1997 年
樂天市場開設

開店當初	
店家數	13 間
使用者	不到 30 人
月銷售額	18 萬日圓

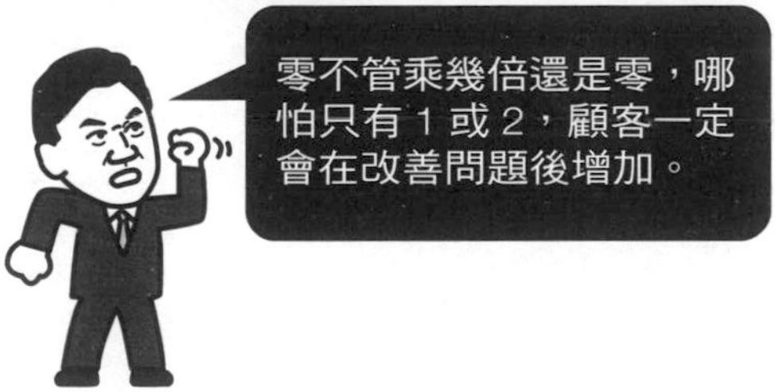
零不管乘幾倍還是零，哪怕只有 1 或 2，顧客一定會在改善問題後增加。

就算 1 天只有 1%，也要持續改善

就算只有 1 個人來消費，選擇在樂天購物都是有理由的。
就算一天只有 1%，也要持續改善。

不斷改善，樂天逐漸壯大

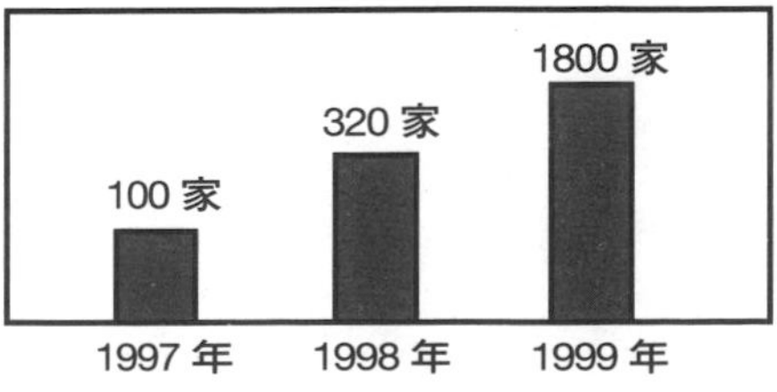
100 家
320 家
1800 家
1997 年
1998 年
1999 年

三木谷浩史

一九六五年在神戶市出生。曾在日本興業銀行上班，一九九七年創辦樂天。現為該公司的代表董事會會長兼總裁。

7

輸小，贏大

——Google 創辦人／賴利．佩吉（Larry Page）

Google（持股公司為字母控股〔Alphabet〕）創辦於一九九八年九月。起因是在史丹佛大學修習博士課程的賴利．佩吉和謝爾蓋．布林（Sergey Brin），不滿意既存的搜尋引擎，於是決定著手研究。

他們開發一個精準高的搜尋引擎，並在史丹佛大學網站啟用，結果在學生和教授之間備受好評。他們持續開發這系統並創業。

爾後，該公司以「世界最佳的搜尋引擎」為武器急速成長，在二〇〇四年八月提早公開發行股票。現在 Google 在世界搜尋引擎市占率約為九〇％，Google 提供的智慧型手機和其他行動裝置專用的作業系統「Android」，也有約七〇%市占率。時價總值更在二〇二〇年一月突破一兆美元（約新臺幣三十一・三兆元）。

佩吉花了二十多年打造出這麼了不起的企業，長年擔任執行長的他也幾乎不會出現在媒體上，目前為止沒有報導出算得上失敗的失敗。另外，公司方面也沒遇過很大的逆境。

扭轉失敗，只需要兩個訣竅

若問 Google 是否不會失敗，答案是並非如此。佩吉更表示：「成功的唯一途徑，是先失敗很多次。」失敗是創新不可或缺的要素。

而最知名的失敗就是「Google 影片」。Google 影片是二〇〇五年開始提供的影片共享服務，輸給同時興起的 YouTube。佩吉承認對 YouTube 的敗北，火速於二〇〇六年十月併購 YouTube，親手結束戰局。

佩吉的做法是，建立很多人數少的團隊，時常跑幾百個專案，陸續開創服務，不過，若覺得過程不順利，就勇於接受失敗。反之，要是覺得某個專案或許會成功，就不斷投入資金，也就是所謂的「輸小贏大」。

佩吉的口頭禪是「要以十倍的格局思考」。此外，他十分重視速度。思考宏大、迅速行動又不失敗的祕訣，就在於正向看待失敗和判斷速度。

賴利・佩吉

一九七三年在美國密西根州出生。一九九八年從史丹佛大學研究所休學，與謝爾蓋・布林共同創辦 Google。二〇一五年由桑德爾・皮查伊（Sundar Pichai）出任 Google 執行長，自己則擔任新設立的母公司字母控股的執行長。二〇一九年卸下字母控股執行長一職。

Google 始於大學

【1998 年】
史丹佛大學
現有的搜尋引擎無法滿足我！
來研究精確度更高的搜尋引擎吧！
賴利・佩吉
謝爾蓋・布林

Google 在大學獲得好評，之後迅速成長為世界最好的搜尋引擎

好，行得通。
馬上用大學網站試試看。

勇於接受失敗，迅速判斷

我輸了。
Google 影片
Google
YouTube
YouTube
併購 YouTube ！

成為 IT 世界中壓倒性的存在

搜尋引擎市占率 90%
作業系統 Android 市占率 70%

8 不必一直後悔過去

——臉書（Facebook）創辦人／馬克・祖克柏（Mark Zuckerberg）

二〇〇四年二月，馬克・祖克柏在哈佛大學學生宿舍提供「Thefacebook」（臉書的前身）的服務時，只有十九歲。

跟蘋果創辦人賈伯斯與 Google 創辦人佩吉，在創業時曾雇用專業經理人不同，祖克柏一直做執行長。從這一點來看，祖克柏可說是異數。

話說回來，祖克柏在創立臉書時所投入的資產，無法支撐臉書的成長，所以即便使用者增加，臉書在二〇〇五年出現了六百萬美元（約新臺幣一・八七億元）的赤字。

在哈佛大學學生宿舍提供服務

【2004 年】

使用者增加
導致赤字。

拒絕奇摩提的併購案

【2006 年】

不！
10 億美元
yahoo!
我要買
Facebook。

臉書開放註冊後大獲成功

使用者人數
突 破 1000
萬人！
這會大幅
改變世界。
yahoo!

從錯誤中學習和改善，以執行長身分竭盡全力

【2018 年】

個資外洩
責任統統在
我身上。
從問題中
學習。
改善並提供
更好的服務。

馬克・祖克柏

一九八四年生於美國紐約州。在哈佛大學求學期間製作選課軟體 Coursematch 和照片評比軟體 Facemash，獲得好評。二〇〇四年開始提供「Thefacebook」服務。二〇一〇年網站瀏覽次數超越 Google 成為第一名。二〇一二年公開發行股票。二〇二一年改名為 Meta。

9

付錢，聽顧客怎麼說

——牛角、燒肉 LIKE 創辦人／西山知義

西山知義原是日本首屈一指的外食餐飲企業瑞滋國際（REINS international）總裁，推出燒肉專門店「牛角」、涮涮鍋專門店「しゃぶしゃぶ温野菜」及其他事業，現在則是 DINING INNOVATION 總裁，擴展出一人燒肉「燒肉 LIKE」和其他品牌。

西山在三十歲時進入外食產業，現在為代表日本外食連鎖店的領導人之一。

大學輟學的西山夢想著將來要創業，他先進入員工為十五人的租賃管理公司，不到一年就獨立開業，開始從事租賃物件的管理業。

西山原以為憑自己的銷售技巧一定會成功，然而現實是他被業務員擺布，保險箱的錢被人偷走。他經歷這些悽慘的遭遇之後，下定決心要做飲食業。

能做到的事，要立刻調整

西山的目標是「便宜好吃、服務優良，氣氛佳的燒肉店」。當時雖然有高級燒肉店，卻沒有一家店能讓二十幾歲到三十幾歲前半的年輕人，以三千日圓（約新臺幣六百五十七元）左右的價格享用燒肉。

西山於一九九六年在東京開設「燒肉市場七輪」，也就是後來的牛角。然而第一次從事飲食業的西山，沒辦法應付大批顧客。導致客人不願再上門消費。束手無策的西山想到一個點子，就是付三百日圓（約新臺幣六十六元）給說「壞話」的客人。

不論料理、服務、店內氣氛或其他問題，都可以講出來，接著西山再將意見分成「做得到的事」和「做不到的事」，做得到的事就立刻調整。

西山的信念是：「缺點只要改善就行了。只要開家好店，客人就一定會來。」或許是踏實的逐一解決問題，最終出現成效，開店五個月後「燒肉市場七輪」就變成足以讓顧客排隊等候的燒肉店了。

爾後，西山仰賴威凌克（Venture-Link，提供連鎖經營和加盟店等指導業務）的協助推動加盟，並在這時將燒肉店改名為牛角。他花了七年半將牛角擴大到一千間門市，二〇〇〇年讓瑞滋國際成長為公開上櫃的企業集團。

對於西山來說，他一直將第一間店的慘痛經驗引以為戒，秉持「絕不重蹈覆轍」的決心和覺悟，至今仍在經營。

西山於二〇一二年賣掉瑞滋國際，翌年建立 DINING INNOVATION，現在以「燒肉 LIKE」為中心，在九個國家擴展出兩百八十五間門市。

追求人人都能享受的燒肉店

活用各種經驗做什麼吧！
對了，就做飲食業！
七輪
七 輪

開幕第一天就受到挫折

【1996 年】

這麼一大批客人應付不完啊。
要我等到什麼時候！
還沒好嗎？
我肚子餓了。

只要說店裡的壞話就給 300 日圓

該怎麼辦才好？
付 300 日圓給說壞話的客人吧！

聽壞話，踏實改善

聽了壞話然後踏實改善，牛角生意興隆！
牛角
燒肉 LIKE
這次換「燒肉 LIKE」。

十五年做超過五千臺試作機

戴森為了讓自己的點子成形，使用瓦楞紙和萬用膠帶等材料，開始製作樣品。戴森說：「直到順利為止，我花了十五年，做了五千一百二十七臺的吸塵器樣品。」他回顧當時的情況：「做出第十五臺時，第三個孩子誕生了。做出第兩千六百二十七臺，妻子和我過著勉強糊口的生活。到了第三千七百二十七臺樣品時，妻子為了貼補生活費而開了美術教室。」

戴森當時生活的很艱辛，在別人看來，他什麼時候放棄都不奇怪。但與眾人想的不同，戴森秉持著「**失敗，讓人離解決問題更靠近一步**」的信念堅持下來，努力終於有了結果。他在一九八三年成功發明無需紙集塵袋的 Cyclone 吸塵器。

雖然成功發明吸塵器，但這時的戴森卻沒有錢能量產。他將製造權賣給家電廠，不過沒有企業答應做成產品，唯一願意合作的只有日本貿易公司。

戴森與該公司締結授權契約，一九八六年 Cyclone 吸塵器「G-Force」在日本發售。

雖然一臺要價二十萬至三十萬日圓（約新臺幣四萬三千四百元至六萬五千三百元），卻因為飛快賣出，使得戴森幾年來能獲得約一千五百萬日圓（約新臺幣三百二十六萬）的設計費，及每年一千五百萬日圓的專利使用費。

後來，戴森於一九九三年設立戴森公司。

「沒有人從一開始就成功。與其懲罰失敗，不如從中學習。」這就是經營者兼工程師詹姆士·戴森的教誨。

詹姆士·戴森

一九四七年生於英國。一九七〇年在皇家美術大學求學時，就進入工程企業。一九八六年發售 Cyclone 吸塵器 G-Forc。一九九三年設立戴森公司。

做過 5127 臺吸塵器樣品後，完成 Cyclone 吸塵器

【1983 年】
經過數次失敗後，
終於完成了！

資金不足，沒辦法做成產品

沒錢做成
產品……。

唯一伸出援手的是日本的貿易公司

【1985 年首度來日】
拜託了！
我們來做成
產品吧！
1986 年發售「G-Force」

從日本的成功起步，高額產品飛快賣出

雖然失敗很多次，
但失敗才是解決問
題唯一的道路！

11

成長，取決於痛苦時要守護什麼

——亞馬遜創辦人／傑夫・貝佐斯（Jeff Bezos）

美國跨國電子商務企業亞馬遜的創辦人傑夫・貝佐斯，至今經歷過兩次逆境。

第一次是在一九九四年，貝佐斯創業時為籌措資金所苦。當時的他還遊說父母和朋友投資，甚至不得不拜託某位朋友：「哪怕只有你也好，開張支票吧。要是沒人付諸行動，其他人就不會跟著行動。」

那是大眾還不清楚什麼是網路的時代，所以要人了解利用網路賣書的生意相當困難。

第二次逆境是二〇〇〇年發生的ＩＴ泡沫崩潰。泡沫破裂之後，亞馬遜的股價就連續下跌二十一個月，從「網路時代的寵兒」搖身一變，成了「網路時代的代罪羔羊」。

那個時候，有許多ＩＴ企業被逼到破產或轉售，而華爾街對貝佐斯施加的壓力也與日俱增。

貝佐斯回顧當時的情況，說：「自己珍惜的重要之人離開，每天都很憂鬱。」即使如此，他還是引用班傑明．葛拉漢的名言：「股票市場短期，是投票機；長期來看，是秤重機」（譯註：葛拉漢認為從短期來看，投資人會像投票一樣，決定哪家企業的股票買了會賺錢，但長期來看，股票市場則會像秤重機一樣，測量企業實際上有多少斤兩，評估其真正的價值），表示「自己和股價是兩回事」，強烈鼓勵員工不要在意股價下跌，而是要徹底做到顧客第一。

對顧客好，不等於損害股東利益

不過，貝佐斯當時打算擴大市占率，所以只能「讓利潤優先於成長」，宣布要創造黑字，努力削減成本。

另一方面，當《哈利波特》（*Harry Potter*）系列推出最新一集時，貝佐斯安排了大型促銷活動：除了有打折優惠，顧客不需要額外花錢，就能在新書上市當天拿到書。

這項服務每賣一本就會損失幾美元，而遭人揶揄：「就算是炒話題，損失也太大了。」貝佐斯卻反駁：「如果你認為對顧客好，等於犧牲股東的利益，這種想法很幼稚。」

再怎麼辛苦，也不能停止為顧客服務，這就是貝佐斯表明的態度。

事實上，在促銷活動結束之後，顧客對亞馬遜的評價急速上升，亞馬遜因此獲得更多的顧客。

許多企業在經營困難時，往往會肆無忌憚的削減成本，但若做過頭，就會犧牲優良的服務或產品。結果就是，就算現在很好，仍不會有未來。貝佐斯即使在艱困時期，也會充實顧客服務，進而獲得後來的成長。

12

如果沒有理想的模板，就自己創一個

——NIKE 創辦人／菲爾・奈特（Phil Knight）

NIKE 創辦人菲爾・奈特創業的機緣，是求學時撰寫的報告。

奈特熱愛跑步，甚至在大學參加田徑社。他在就讀史丹佛大學商學院時想出一個點子——和能用低廉價格製造出優質產品日本企業聯手，似乎可以贏過一支獨大、價格高昂的運動用品製造商愛迪達（adidas）。

從此以後，「當上全美第一的田徑鞋販賣業者」就成了奈特的目標。他在大學畢業後飛到日本，拜訪製造跑步鞋的鬼塚公司（現為亞瑟士〔ASICS〕），提出想在美國銷售該公司的產品。

沒有資金和經驗的鬼塚公司順勢答應。一九六四年，奈特和大學時期的田徑教練比爾．鮑爾曼（Bill Bowerman），一起設立藍帶體育用品公司（Blue Ribbon Sports），這就是今日NIKE的起源。

不只有競爭對手，隨時和自己比較

雖然奈特順利在美國販賣鬼塚牌鞋款，但他覺得應該追求自己理想的商品，就於一九七一年結束與鬼塚公司的合作。

一九七八年，鮑爾曼想出將鞋底一部分注入橡膠的「氣墊鞋底」，結果這種鞋狂銷熱賣。

奈特趁這個機會施展策略，由權威運動員穿上自家公司的鞋子，藉此讓NIKE步上成長軌道。而與麥可．喬丹（Michael Jordan）聯名的商品「Air Jordan」，亦可說是這項策略的巔峰。

在這之前，該公司的股價低迷不振，許多存貨都賤價銷售。多虧了在一九八〇

菲爾・奈特

一九三八年生於美國波特蘭（Portland）。畢業於史丹佛大學研究所之後，就為了販賣鬼塚牌鞋款而設立藍帶體育用品公司。一九七二年販賣NIKE品牌商品。一九八四年發售「Air Jordan」。二〇〇六年卸下該公司董事長一職。

13

即便只比對手早一秒

——Mercari 創辦人／山田進太郎

IT 業界的特徵之一，是比誰都快起步且急速壯大的企業，能獲得一切。

二手交易平臺 Mercari 創辦人山田進太郎，大學期間曾在樂天實習，不過他畢業後並沒有留在樂天，而是於二〇〇一年八月創辦 Unoh。該公司主要業務是架設共享照片網站「攝影藏」和其他類型的網站，但它卻無法順利帶來收益。

二〇〇八年，因公司營運狀況不好而被人問「要不要賣掉公司？」的山田，在十五名員工面前展現決心：「我絕不放棄，一定會讓經營順利。我希望能跟上腳步的人留下來。」結果這十五人統統選擇留下來。

山田進太郎創辦 kouzoh

【2013 年 2 月】

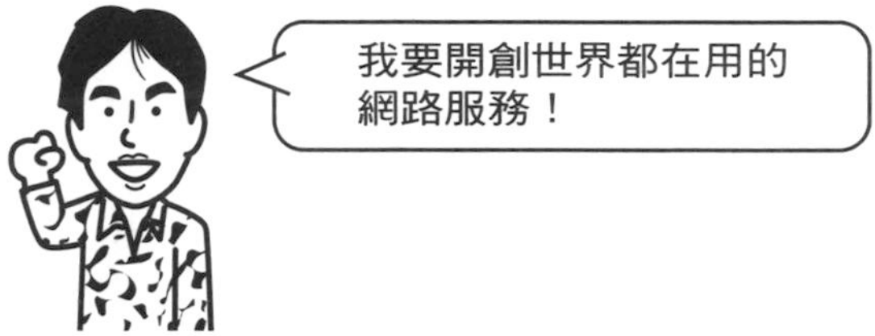
我要開創世界都在用的
網路服務！

8 個工程師週末聚在一起工作

來做
××。
我來做。
再更這樣一
點比較好。
這裡就這
樣做吧。

以最低限度的服務開始經營「Mercari」

【2013 年 7 月】

再這樣下去
就來不及
了，需要做
更多妥協。
mercari
開始提供服務
照片最多 4 張
沒有搜尋功能
缺少部分功能

不斷改善，急速成長

【2018 年在東證 Mothers 上市】

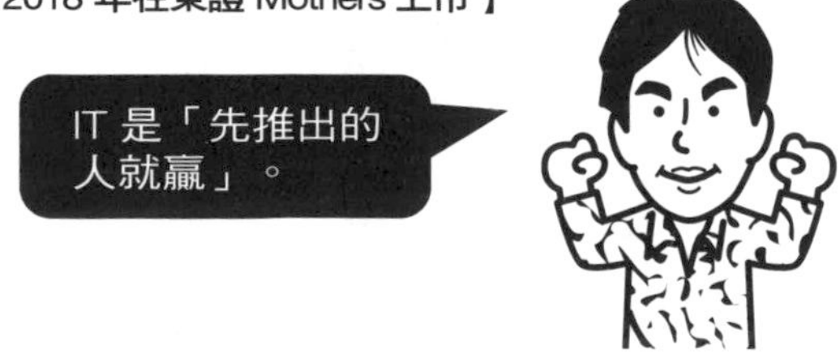
IT 是「先推出的
人就贏」。

山田進太郎

一九七七年生於愛知縣瀨戶市。於二〇〇一年設立 Unoh。捧紅社群造鎮遊戲 Machitsuku 之後，於二〇一〇年將 Unoh 股票轉讓給 Zynga。

在二〇一二年離開 Zynga。二〇一三年二月設立 kouzoh。同年七月開始提供服務，同年十一月將公司名稱改為 Mercari。

二〇一八年，Mercari 在東證 Mothers 上市。

三千兩百四十五億元），藉由開發和製造精密小型馬達成為世界第一。

永守在併購、重建這些企業時沒有裁員。

「時間是平等的，每個人一天都二十四是小時，要怎麼運用是個人自由。」永守運用時間的方式和要求員工的品質，讓這些公司順利重生。

永守重信

一九四四年在京都出生。曾在蒂雅克子公司山科精器擔任董事。一九七三年創辦日本電產。將「熱情、熱忱、執著」、「充滿智慧的奮鬥」、「立刻就做、一定要做、做到成功為止」奉為三大經營哲學。

從一無所有起步

機械統統是中古貨
沒有實績
以自宅為總公司
沒經歷
以速度決勝負！
時間是平等的！

母親的教誨

做兩倍工作就會成功！
做兩倍的工作，交期減半

獲得成功後，陸續併購擁有優秀技術的公司

併購這些公司吧。
不要裁員。
業績不振的公司
重建
成立子公司

成為世界第一的企業

世界第一
達成銷售額1兆5000億日圓！

表示，願意出資兩千萬美元（約新臺幣六．一七億元）。軟銀在這時藉由阿里巴巴的上市，獲得莫大的帳面收益。除此之外，福岡軟銀鷹為提升軟銀知名度貢獻甚大；併購日本沃達豐進入手機市場，也讓軟銀大獲成功。

另一方面，孫正義併購 Sprint 和投資 WeWork，卻讓軟銀承擔高額的有息負債和產生帳面損失。不過，面對許多失敗，孫正義卻顯得毫不在意。「沒人像我一樣犯很多錯。」他說：「所以我很清楚**失敗時，要趁無法翻身之前迅速做決策，盡快停損。**」

停損，是投資股票時為免吃大虧的鐵則之一，但大多人一想要實際承受損失，便難以做出決斷。

但對孫正義來說，**不挑戰就不會開始，不冒風險就不會有回報**。成功是好事，失敗時更要勇敢「停損」，如此一來才能持續挑戰，而不是落得無法翻身。

孫正義追求「持續成長 300 年的公司」

成長的關鍵
就是併購！

軟體銀行併購的成功案例有 4 個

成功
YAHOO! JAPAN
出資
成功
Alibaba.com
出資
成功
vodafone
併購日本法人
成功
併購鷹隊球團
都成功了。

失敗案例有 2 個

失敗
Sprint
併購
失敗
wework
出資
不小心
負債了。

失敗時就迅速停損

沒有人像
我一樣犯
很多錯。
但因為迅速停
損，所以能再
次挑戰。

《硬碟：比爾・蓋茲與微軟帝國的創建》（*Hard Drive: Bill Gates and the Making of the Microsoft Empire*）詹姆斯・華里士（James Wallace）、吉姆・艾瑞克森（Jim Erickson）著， 野卓司監譯，SE編輯部譯，翔泳社。

《挑戰：我的浪漫》鈴木敏文著，日經商業人文庫。

《經營是浪漫的逐夢歷程：黑貓宅急便創辦人小倉昌男的自傳》小倉昌男著，洪逸慧譯，天下雜誌。

《雪球：巴菲特傳》（*The Snowball: Warren Buffett and the Business of Life*）艾莉絲・施洛德（Alice Schroeder）著，楊美齡、廖建容、侯秀琴、周宜芳、楊幼蘭、林麗冠、羅耀宗、李芳齡譯，天下文化。

《運氣可以創造》似鳥昭雄著，日本經濟新聞出版社。

《迪士尼傳奇》（*Walt Disney: An American original*）鮑伯・湯瑪斯（Bob Thomas）著，晏龢良譯，晨星。

《愈挫愈勇：稻盛和夫親筆自傳》稻盛和夫著，朱淑敏、林品秀、莊雅琇譯，天下雜誌。

《稻盛和夫的最後決戰：日本企業史上最震撼人心的 1155 天領導力重整真實紀錄》大西康之著，林冠汾譯，大寫。
《偏執的勇氣：從 web 到 app，瑪莉莎．梅爾的雅虎改革之路》（*Marissa Mayer and the Fight to Save Yahoo!*）尼可拉斯．卡爾森（Nicholas Carlson）著，謝儀霏譯，天下文化。
《一分鐘讀懂本田宗一郎》岩倉信彌著，SB Creative。
《本田宗一郎自傳：奔馳的夢想，我的夢想》本田宗一郎著，黃雅慧譯，經濟新潮社。
《薩莉亞不是因為好吃才熱賣，持續熱賣才是好吃的料理》正垣泰彥著，日經商業人文庫。
《羅多倫咖啡：「勝利或死亡」的創業記》鳥羽博道著，日經商業人文庫。
《百圓之男：大創矢野博丈》大下英治著，祥傳社文庫。
《創業家》藤田晉著，幻冬舍文庫。
《日本最古怪的經營者》宗次德二著，鑽石社。

《翻動世界的 Google》（*The Google Story: Inside the Hottest Business, Media, and Technology Success of our Time*）大衛．懷司（David A. Vise）、馬克．摩西德（Mark Malseed）著，蕭美惠、林秀津譯，時報。

WIRED，美國版 2018.3.24。

《facebook 臉書效應：從 0 到 7 億的串連》（*The facebook Effect: The Inside St．ry of the c．mpany That is C．nnecting the World*）大衛．柯克派崔克（David Kirkpatrick）著，李芳齡譯，天下雜誌。

《意念》西山知義著，Ameba Books。

WIRED, 2011.4.15。

《貝佐斯就是這樣讓世界的消費為之一變》桑原晃彌著，PHP 商業新書。

《貝佐斯傳：從電商之王到物聯網中樞，亞馬遜成功的關鍵》（*The Everything Store: Jeff Bezos and the Age of Amazon*）布萊德．史東（Brad Stone）著，廖月娟譯，天下文化。

《企業大師：美國商業巨頭如何塑造美國經濟》（*Master of Enterprise: How*

the Titans of American Business Shaped the U.S. Economy）H. W. 布蘭茲（H. W. Brands）著，白幡憲之、鈴木桂子、外山惠理、林雅代譯，英治出版。

《跑出全世界的人：NIKE創辦人菲爾．奈特——夢想路上的勇氣與初心》（SHOE DOG）菲爾．奈特（Phil Knight）著，鍾玉珏、洪世民、戴至中譯，商業周刊。

《Mercari》 平和行著，日經BP社。

《日本電產：永守主義的挑戰》日本經濟新聞社編，日本經濟新聞出版社。

《熱情、熱忱、執念的經營》永守重信著，PHP研究所。

《孫正義：創業之王》大下英治著，講談社＋α文庫。

另外還參考許多網站和資料，謹在此表達感謝之意。

國家圖書館出版品預行編目（CIP）資料

抓住運氣的能力：運氣來臨總有前兆，怎麼判斷？蘋果、微軟、迪士尼、星巴克、谷歌、IKEA……世界級創辦人的轉運學。／桑原晃彌著；李友君譯 .-- 初版 .-- 臺北市：大是文化有限公司，2024.04
256 面；14.8×21 公分 .--（Think；279）
譯自：運を逃さない力：苦境を乗り越えた名リーダー 44 人の言葉
ISBN 978-626-7448-02-1（平裝）

1. CST：企業家　2. CST：企業經營　3. CST：職場成功法

490.99　　113001357

Think 279

抓住運氣的能力

運氣來臨總有前兆，怎麼判斷？蘋果、微軟、迪士尼、星巴克、谷歌、IKEA……世界級創辦人的轉運學。

作　　者／桑原晃彌
譯　　者／李友君
責任編輯／陳竑悳
校對編輯／黃凱琪
美術編輯／林彥君
副總編輯／顏惠君
總 編 輯／吳依瑋
發 行 人／徐仲秋
會計助理／李秀娟
會　　計／許鳳雪
版權主任／劉宗德
版權經理／郝麗珍
行銷企劃／徐千晴
業務專員／馬絮盈、留婉茹
業務、行銷與網路書店總監／林裕安
總 經 理／陳絜吾

出 版 者／大是文化有限公司
臺北市衡陽路 7 號 8 樓
編輯部電話：（02）23757911
購書相關資訊請洽：（02）23757911 分機 122
24 小時讀者服務傳真：（02）23756999
讀者服務 E-mail：dscsms28@gmail.com
郵政劃撥帳號：19983366 戶名：大是文化有限公司

法律顧問／永然聯合法律事務所
香港發行／豐達出版發行有限公司
Rich Publishing & Distribution Ltd
香港柴灣永泰道 70 號柴灣工業城第 2 期 1805 室
Unit 1805, Ph.2, Chai Wan Ind City, 70 Wing Tai Rd, Chai Wan, Hong Kong
Tel：21726513　Fax：21724355
E-mail：cary@subseasy.com.hk

封面設計／孫永芳
內頁排版／邱介惠
印　　刷／韋懋實業有限公司
出版日期／2024年4月初版
定　　價／新臺幣 390 元
I S B N ／ 978-626-7448-02-1
電子書 ISBN ／ 9786267448038（PDF）
9786267448045（EPUB）